内心强大的女人，20岁纯净青春，30岁万种风情，40岁成熟内敛，50岁淡泊悠然……

内心强大的女人
最优雅

〔美〕戴尔·卡耐基 / 著
达夫 / 编译

中国华侨出版社
北京

独特魅力，让男人着迷

独特魅力是真正能够散发出光芒的内在气质。比如，如果你真的不会温柔，而且温柔也不适合你，那么就不要改变。当然，前提是你的"不温柔"必须是豪爽，而不是粗鲁。因为前者是魅力，后者则是陋习。

眼神效应

眼神是最能反映出一个人的内心世界的。那么最好的方法就是让自己的眼光"敏感"起来。也就是说，当男人将目光投向你的时候，你不妨快速地躲开他，然后再试探性地看他一眼。这时，男人会觉得你的眼睛里充满了楚楚动人的目光，而且还向他传递着模棱两可的信息。他们会觉得，你的目光非常的迷人，而你也是世界上最美丽的姑娘。

羞涩的诱惑力

对于女性来说，羞涩是她们独具的特
色，也是她们特有的风韵和风采。如
果一个女性缺少了羞涩，那么势必就
会失去应有的光彩。羞涩并不意味着
唯唯诺诺，而是反映出了一个女人内
心世界含蓄的美丽。

前　言

"像你那样云淡风轻地笑，究竟要多么强大的内心才能做到？"现在的社会要求女人越来越独立，不管你有没有拥有足够多的外在物质，内心强大才是真的强大。只有心理上变得强大起来，你才能战胜外在的困境。一个内心强大的人，才能真正无所畏惧。也只有内心的强大，我们在生活中才会处之泰然，宠辱不惊；即使身处恶劣的环境，也能让自己活得精致优雅。自我的修养、精神的塑造、心性与心的锤炼，使我们的内心真正强大起来。当我们真正拥有强大的心灵，才不会受到任何外物的干扰。

何为内心强大的女人呢？内心强大的女人，时时刻刻让人仿佛沐浴春风，她们是那样的活力四射、美丽剔透，如天使一样宽慰人心。尽管她们没有倾城的美貌和妩媚的身姿，但是她们积极的心态总是带给人无尽的享受。她们有着智慧的头脑、迷人的气质、得体的举止、高雅的品位和独到的见解。她们的美是由内而外慢慢渗透的，具有摄人心魂的魔力。她们自信而大方，底气十足，即使不动声色，也能够恰如其分地展现出美妙的情致。她们面对坎坷与不幸，不会低头，不会一蹶不振，而是用自己强大的内心去应对、去迎战！她们是内心强大的女人，能够以积极的心态感染周围的人；她们就如同冬日暖阳的化身，明媚而温和，仿佛可以驱走一切黑暗和寒冷。

内心强大的女人，懂得悦纳自己。她们常常阅读自己的内心，试着了解自己的特质。她们不惧面对自己负面的人格特质，立志于剔除骨子里的心高气傲，摈弃以自我为中心的狭窄视角。内心强大的女人，她们是自己的心灵雕塑师，执一把雕刻刀，随时完善着自己的性格和修养。她们对待生活有着独到的领悟，无论是绚烂还是平淡，都能够找到属于自己的舞台，演绎出独特的人生。内心强大的女人，有着成熟的心智，能够自如地控制自己的情绪，有"泰山崩于前而色不变，麋鹿兴于左而目不瞬"的笃定性格。她们少了浮躁和激进，多的是风雅与娴静。这并不是因为她们的人生一帆风顺，而在于她们对待坎坷时拥有一种淡定自若的心态。内心强大的女人，举手投足、一颦一笑间都蕴藏着女人的高贵典雅、圣洁温润。她们内外兼修，懂得如何使美丽绽放到极致。她们的外表得体，着装富有品位；骨子里自信而洒脱，内心细腻而宁静。她们重视仪表的修饰与保养，更立志于内在的提炼与升华。

内心强大的女人，20岁纯净青春，30岁万种风情，40岁成熟内敛，50岁淡泊悠然……

做一个内心强大的女人，有一个幸福人生，珍惜并享受命运带来的礼物，从容地越过层层的荆棘，沾满一身幸福的清香。这种从容坚定、笃定自信，岂不是每个女人追求的理想状态？

女性朋友们，做个内心强大的女人并不是遥不可及的梦想。在成功学大师戴尔·卡耐基看来，每一个女人都有使自己坚强、自信、无所畏惧的潜能。当然，这是一个漫长的修炼与积累的过程，只要不断地学习和补充，灵活、明智地运用一些行为准则和做事指导，相信每一个女人都会成为一道靓丽的风景，优雅地行走在蜿蜒曲折的生命之路上，开启一个崭新的人生。

目　录

第三章 /

好心态，最美丽

第四章 /

女人有魅力，气场才强大

第五章 /

做可人的职场女人

第六章 /

让你的家庭生活幸福快乐

第一章
寻找一种正能量

处世让一步为高，退步即进步的资本；待人宽一分是福，利人是利己的根基。

——［中］洪自诚

┃ 戒除批评、责怪和抱怨

在《人性的弱点》一书的开篇，曾给大家讲过"双枪杀手"克劳雷的故事。我不想再说故事的始末，只想重申一下那个双枪恶徒的话："在我外衣里面隐藏的是一颗疲惫的心，但这是一颗善良的心，一颗不会伤害别人的心。可是我却来到了新新监狱（注：美国关押重罪犯人的监狱）受刑室，这就是我自卫的结果。"

克劳雷真的是为了自卫才杀人吗？就在警察拘捕克劳雷之前，他和女友开车在长岛一乡村公路上寻欢。有个警员走上前去，向克劳雷说道："把你的驾驶执照给我看看。"克劳雷不发一语，掏出手枪就是一阵狂射。警员中弹倒地，克劳雷跳下车，从警员身上找出左轮枪，又向倒地不起的尸体开了一枪。

"双枪杀手"克劳雷根本不觉得自己有什么错。

和克劳雷一样的罪恶之人基本上都不知道自责。在芝加哥被处决的美国鼎鼎有名的黑社会头子阿尔·卡庞说："我把一生当中最好的岁月用来为别人带来快乐，让大家有个好时光。我是在造福人民，可社会却误解我，给我辱骂，这就是我变成亡命之徒的原因。"恶名昭彰的"纽约之鼠"达奇·舒兹生前在接受报社记者访问时，也自认是在造福群众。

举这些例子，只是想向女士们说明一个道理：这些亡命男女都不为自己的行为自责，我们又如何强求日常所见的一般人？这是人的本性，批评、责怪、抱怨在别人的身上是一点儿都不会发生正面作用的，因为大多数人都能为自己的动机提出理由，不管有理无理，总要为自己的行为辩解一番，也就是说他们认为自己根本不应该被批评、责怪或抱怨。

　　从心理学角度看，每一个人都害怕受到别人的指责，包括女人，也包括男人，男人更害怕来自于女人的指责。所以，作为女人，还是戒除掉批评、责怪或抱怨为好。

　　刚才我说了，批评、责怪、抱怨在别人的身上是一点儿都不会发生正面作用的，相反，副作用却让人感到可怕。我的心理学家朋友曾对我说："因批评而引起的羞愤，常常使雇员、亲人和朋友的情绪大为低落，并且对应该矫正的事实状况，一点儿也没有好处。"

　　我的邻居约翰有一个幸福的家庭，三个漂亮的女儿，一个贤惠的妻子。有年夏天，三姐妹驾车去郊外旅游。在市区内，由两个姐姐驾车，到了人烟稀少的郊外，两个姐姐就让妹妹练练车技。

　　最小的妹妹开着车，兴奋得不知如何是好，有说有笑的。突然，汽车像脱缰的野马一样向前奔去，在快到十字路口处，与一辆从侧面驶过来的大拖车相撞，大姐当场死亡，二姐头部受伤，小妹腿骨骨折。原来，小妹想在红灯亮起之前通过，才加大了油门。

　　约翰夫妇接到电话后，立刻赶到了医院。他们紧紧地拥抱着幸存的两个女儿，一家人热泪纵横。父母擦干两个女儿脸上的泪，开始谈笑，像是什么事也没有发生过一样，始终温言慈语。

　　好几年过去了，肇事的小女儿问父母，当时为什么没有教训她，而事实上，姐姐正是死于她闯红灯造成的车祸。约翰夫妇只是淡淡地说："你姐姐已经离开了，不论我们再说什么或做什么，都不能让她起死回生，而你还有漫长的人生。如果我们责难你，你就会背负着'造成姐姐死亡'的沉重的心理包袱，进而丧失一个完整、健康和美好的未来。"

如果当年约翰夫妇对小女儿加以指责的话，后果恐怕比他们想象的还要恶劣。

女士们都会有这样的经历，当你指责你的男友时，得到的基本上就是沉默。除了沉默，还会有反唇相讥、振振有词。这意味着什么？是对指责的对抗，尽管他们深爱你，尽管的确是他的错。

人就是这样，做错事的时候不会主动去责怪自己，而只会怨天尤人，我们也都如此。所以，明天你若是想责怪某人，请记住阿尔·卡庞、"双枪杀手"克劳雷和约翰夫妇等人的例子，别让批评像家鸽一样飞回到自己家里。也让我们认清：我们想指责或纠正的对象，他们会为自己辩解，甚至反过来攻击我们，或者他们会说："我不知道所做的一切有什么不对。"

我可以骄傲地说，林肯是美国历史上最善于处理人际关系的总统。不只我这么认为，当林肯咽下最后一口气时，陆军部长史丹顿说道："这里躺着的是人类有史以来最完美的统治者。"我也是受陆军部长史丹顿的提醒才对林肯的处世之道进行研究的，10年后我系统、深入、透彻地了解了林肯的一生，包括林肯的性格、居家生活和他待人处世的方法，于是，我又用了3年时间写成了《林肯的另一面》。

林肯开始并不完美，年轻时他喜欢批评人，他常把写好的讽刺别人的信丢在乡间路上，好让当事人发现。做见习律师时，喜欢在报上公开抨击反对者，虽然只是偶尔。有些行为导致的后果，他刻骨铭心，永生难忘。

1842 年秋天，他又写文章讽刺自视甚高的政客詹姆士·席尔斯。他在《春田日报》上发表了一封匿名信嘲弄席尔斯，全镇哄然引为笑料。自负而敏感的席尔斯当然愤怒不已，终于查出写信的人。他跃马追踪林肯，下战书要求决斗，林肯本不喜欢决斗，但迫于情势和为了维护荣誉，只好接受挑战。他有选择武器的权利，由于手臂长，他选择了骑兵的腰刀，并且向一位西点军校毕业生学习剑术。到了约定日期，林肯和席尔斯在密西西比河岸碰面，准备一决生死。幸好在最后一刻有人阻止他们，才终止了决斗。

这是林肯终生最惊心动魄的一桩事，也让他懂得了如何与人相处的艺术。从此以后，他不再写信骂人，也不再任意嘲弄人了。也正是从那时起，他不再为任何事指责任何人，包括南方人，当自己的夫人极力谴责南方人时，林肯说："不用责怪他们，同样的情况换上我们，大概也会如此而为。"他最喜欢的一句名言是："你不论断他人，他人就不会论断你。"惨痛的经验告诉他：尖锐的批评和攻击，所得的效果都等于零。

我年轻时，总喜欢给别人留下深刻印象。我在帮一家杂志撰文介绍作家时，美国文坛出现了一颗新星，名叫理查德·哈丁·戴维斯，这是一个颇引人注目的人物。于是，我便写信给戴维斯，请他谈谈他的工作方式。在这之前，我收到一个人寄来的信，信后附注："此信乃口授，并未过目。"这话留给我极深的印象，显示此人忙碌又具重要性。于是，我在给戴维斯的信后也加了这么一个附注："此信乃口授，并未过目。"实际上，我当时一点儿也不忙，只是想给戴维斯留下较深刻的印象。

戴维斯根本就没给我写信，而是把我寄给他的信退回来，并在信后潦草地写了一行字："你恶劣的风格，只有更添原本恶劣的风格。"的确，我是弄巧成拙了，受这样的指责并没有错。但是，身为一个人，我觉得很恼羞成怒，甚至10年后我获悉戴维斯过世的消息时，第一个念头仍然是——我实在羞于承认我受到的伤害。

这件事给我的教训很深，每当我想指责他人的时候，就拿出一张五美元钞票，望着上面的林肯像自问："如果林肯碰到这个问题，会如何解决？"

在现代文明社会，指责别人的女人或许永远不会遇到林肯遭遇过的尴尬，但是因指责而生的怨恨却是不容易化解的，因为我们所相处的对象，并不是绝对理性的动物，而是具有情绪变化、成见、自负和虚荣等弱点的人类。

所以我要说，假如你想招致一场令人至死难忘的怨恨，只要发表一点儿刻薄的批评就可以了。也就是说，只有不够聪明的人才批评、指责和抱怨别人。的确，很多愚蠢的人都这么做。

但是，要做到"不说别人的坏话，只说人家的好处"，善解人意和宽恕他人，是需要有修养自制的功夫的。

请女士们记住，待人处世的第一大原则就是不要批评、责怪或抱怨他人。

真诚地赞赏、喜欢他人

我不知道阅读这本书的女士们是否会和我有一样的想法，但在开始这个话题之前，我想先问你们一个问题："你认为世界上促使人去做任何事的最有效的方法是什么？"我相信你们会给出各种各样的答案，但我想说的是，真正可以让别人做事的唯一办法就是，赐给他们想要的东西。疑问又来了，一个人到底最想要什么呢？

小时候我住在密苏里州乡间，那段时光是非常快乐的。我记得，父亲曾经养过一头血统优良的白牛和几只品种优良的红色大猪。当时，让我最兴奋的事情就是跟随父亲带着猪和牛一起去参加美国中西部一带的家畜展览。很幸运，我们的那头白牛和那几只红色大猪获得了特等奖，并为父亲赢来了特等奖蓝带。

我记得很清楚，当时父亲是非常高兴的。他把那枚蓝带别在了一块白色软洋布上，而且只要有人来家中做客，他总要拿出来炫耀一番。

其实，那些真正的冠军——牛和猪并不在乎那枚蓝带，倒是我的父亲对它十分珍惜，因为这枚蓝带给他带来了荣耀和别人的称赞声，也使他有了"深具重要性"的感受。

事实上，这种"希望具有重要性"就是促使别人做事的唯一方法，也是我们说的人最想要的东西。不过，这个专业的名词并不是我提出来的，而是美国学识最渊博的哲学家之一——约翰·杜威提出来的。他认为，人类（包括男人也包括女人），在他们的本质里最深远的驱动力就是"希望具有重要性"。

有人说"食欲、性欲、求生欲"是人类的三大本能，其实人们对这种"希望具有重要性"的迫切热望绝对不亚于对前三者的需要。林肯曾经提到"人人都喜欢受人称赞",威廉·詹姆士也曾经说过:"人类本质里最殷切的需求就是渴望被人肯定。"应该说,就是在这种"希望具有重要性"的促使下,我们的祖先一点点地创造出了今天的一切文明,否则我们恐怕就和禽兽没什么两样了。

每个人,当然包括男人和女人,都希望自己受到别人的重视。尤其是男人,他们更希望能够引起女性的重视,更希望从女性那里获得满足这种"希望具有重要性"的感受。作为一名女性,如果你想与别人相处得十分融洽,如果你想成为一个受欢迎的人,那么你首先要做的就是满足他们这种"希望具有重要性"的心理,而你最好的选择就是真诚地赞赏他们。

还有一点我必须要告诉各位女士,那就是你能否真诚地去赞赏那些男士们直接关系到你是否能找到一个称心如意的伴侣或是拥有一个美满幸福的家庭。所以我要告诫各位女士,当你和你的男友或是丈夫相处时,如果你想让你们彼此都拥有幸福的美好感觉,那么你最应该做的就是去真诚地赞赏他们。不过,你能够真诚地去赞美他们的前提则是必须真心地喜欢他们。

我并不是在这里危言耸听,因为在历史上像这样的例子数不胜数。乔治·华盛顿,美国第一任总统,他最高兴的就是有人当面称呼他为"美国总统阁下";哥伦布,这个发现美洲的航海家,他曾经要求女王赐予他"舰队总司令"的头衔;雨果,伟大的作家,他最热衷的莫过于希望有朝一日巴黎市能改名为雨果市;就连最著名的莎士比亚也总是想尽办法给自己的家族谋得一枚能够象征荣誉的徽章。

这里，我之所以列举了这些成功男士的例子，无非是想告诉各位亲爱的女士们，一个成功的男人虽然已经获得了很多很多的东西，但他们永远不会对那美妙的赞美声产生厌倦。因此，如果你想成为男人眼中最善解人意、最迷人、最美丽的女性，那么你最好的选择就是去真诚地赞赏他。

　　当然，女性在生活中接触到更多的可能还是同性朋友。我可以告诉各位女士们，女人对这种赞美声的渴望绝不亚于男人，而且还更甚。

　　我的一个朋友的妻子参加了一种自我训练与提高的课程。回到家后，她急切地对丈夫说："亲爱的，我想让你给我提出 6 项事项，而这 6 项事项能够让我变得更加理想。"

　　"天啊！这个要求简直让我太吃惊了。"他的先生，也就是我的朋友这样说："坦白说，如果想让我列举出所谓的能让她变得理想的事情，这简直再简单不过了，可是天知道，我的太太很有可能会紧接着给我列出成百上千个希望我变得更好的事项。我没有按照她说的那样做，当时我只是对她说：'还是让我想想吧，明天早上我会给你答案的。'

　　"第二天我起了个大早，给花店打电话，要他们给我送来六朵火红的玫瑰花。我在每一朵玫瑰花上都附上了一张纸条，上面写着：'我真的想不出有哪六件事应该提出来，我最喜欢的就是你现在的样子。'你肯定会猜到了事情的结果，就在我傍晚回家的时候，我太太几乎是含着热泪在家门口等我回家。我觉得不需要再解释了，我真庆幸自己当初没有照她的要求趁机批评她一顿。事后，她把这件事告诉给了所有听课的女士们，很多女士都走过来对我说：'不能否认，这是我所听到过的最善解人意的话了。'从那一刻起，我认识到了喜欢和赞赏他人的力量。"

如果当初我的这位朋友选择了给妻子提出那 6 件事，而并不是由衷地赞赏她的话，等待他的恐怕就是妻子那成百上千件的不满之事以及那无休止的争吵。

女人就是这样，她们总是希望能够得到他人的赞赏，得到别人的重视，尽管她们做得并不够好。相信各位女士经常会在心里佩服其他的女性，却很少把这种心情表达出来。"挑剔"似乎是上帝赐予女人的特权，因此女人对她身边的人总是很不满意。她们认为，身边的人做得还远远不够，至少还没有做到能够让她赞赏的那个地步。

我不知道你是不是会真诚地赞赏和喜欢他人，但我知道成功人士大都会这样做，至少查理·夏布和安德鲁·卡耐基是这样做的。

1921 年，安德鲁·卡耐基提名年仅 38 岁的查理·夏布为新成立的"美国钢铁公司"第一任总裁，使得夏布成为了全美少数年收入超过百万美元的商人。

有人会问，为什么卡耐基愿意每年花 100 万美元聘请夏布先生？难道他真的是钢铁界的奇才？事实上，夏布先生曾经亲口对我说，其实在他手下工作的很多人对于钢铁制造要比他懂得多得多。接着，夏布先生又很得意地告诉我，他之所以能够取得这样的成绩，主要是因为他非常善于处理和管理人事。我是个爱刨根问底的人，马上追问他是如何做到这一点的。他告诉了我很多，但给我印象最深的就是下面两句话：

赞赏和鼓励是促使人将自身能力发挥到极限的最好办法。

如果说我喜欢什么，那就是真诚、慷慨地赞美他人。

这两句话是夏布成功的秘诀，而事实上，他的老板安德鲁·卡耐基也是凭借这一秘诀获得成功的。夏布曾经对我说，卡耐基先生十分懂得在什么时候称赞别人。他经常在公共场合对别人大加赞扬，当然在私底下也是如此。

应该说，真诚地赞赏和喜欢他人，是女士处理人际关系最好的润滑剂。也许我应该更直接一点儿告诉各位女士，你们为什么要做到这一点。

我希望女士永远不要忘记，在人际交往的过程中，我们接触的是人，是那些渴望被人赞赏的人。应该说，赐给他人欢乐，是人类最合情也是最合理的美德。因为伤害别人既不能改变他们，也不能使他们得到鼓舞。

在美国，因精神疾病导致的伤害要比其他疾病的总和还要多。按照我们的推测，精神异常往往是由各种疾病或外在创伤引起的。但是，有一个令人震惊的事实是，实际上有一半精神异常的人，其脑部器官是完全正常的。

我曾经向一家著名精神病院的主治医师请教过这一问题，他在精神研究领域是相当有名的。可是，他给我的答案却是他并不知道为什么人的精神会变得这样异常。不过，这位医师也向我指出，很多时候人之所以会精神失常，是因为他们在现实生活中得不到"被肯定"的感觉，因此他们要去另外一个世界寻找这种感觉。

为了让我更加明白他的说法，他给我讲了一个例子：

他有一个女病人，是那种生活比较悲惨的人，她的婚姻非常不幸。她一直渴望着被爱，渴望得到性的满足，渴望拥有一个孩子，渴望能够获得较高的社会地位。然而，现实摧毁了她所有的希望。

她的丈夫不爱她，从来没有对她说过一句赞美的话，甚至于都不愿意和她一起用餐。这个可怜的女人没有爱、没有孩子、更没有社会地位，最后她疯了。

不过，在另一个世界里，她和贵族结婚了，而且每天都会生下一个小宝宝。说到这儿的时候，那位医师告诉我："坦白地说，即使我能够治好她的病，我也并不会去做，因为现在的她，比以前生活得快乐多了。"

这是一出悲剧？我不知道。但我至少知道，如果当初她的丈夫能够喜欢和赞赏她的话，如果当初她身边的人能够真诚地赞赏她的话，那么她根本没必要疯。因为能够在现实生活中得到的东西，就没有必要去另一个世界寻找。

为了让我自己能够做到真诚地去赞赏和喜欢别人，我在家里的镜子上贴上了一则古老的格言：

人的生命只有一次，任何能够贡献出来的好的东西和善的行为，我们都应现在就去做，因为生命只有一次。

实际上，我每天都要去看它几回，目的是让我永远地把它记住。我相信，你和我没有什么不一样，男人和女人也没有什么不一样。因此，女士们，请你们一定要记住，待人处世最重要的一点就是发自内心地、由衷地、真诚地赞赏和喜欢他人。

不要争论不休

我是一个喜欢用亲身经历来说明道理的人，因为我对自己经历过的事体会更加深刻。实际上，人总会犯这样那样的错误，我也不例外。在以前，那时候我已经是个成年人了，我曾经犯下过很愚蠢的错误。

那是第二次世界大战结束后不久的一个晚上，就在那个晚上，我在伦敦得到了一个让我终生难忘的教训，直到现在我还会时时想起它。

当时，我是赫赫有名的史密斯爵士的私人助理。对，就是那位在战后不久用 30 天时间环游全球而轰动世界的史密斯爵士。那天晚上，我参加了一个专门为他准备的欢迎宴会。宴会开始后，坐在我旁边的一个人给我们讲了一个很有趣的故事。那个人在讲的过程中，提到了这样一句话："人类可以变得无比的粗俗，但那位神始终都是我们的目的。"也许是为了卖弄，也许是为了增强说服力，总之他非常自信地对我们说："这句话出自《圣经》。"

老天，怎么有人能犯下这么愚蠢的错误呢？谁都知道，那句话和《圣经》一点儿关系都没有。他错了，确确实实是错了，这一点我是知道的，而且也是绝对肯定的。为了使我显得比他聪明，为了使我看起来比他知识渊博，我授权自己作为一个不受欢迎的家伙指出了他的错误。是的，我要告诉他，这句话是出自威廉·莎士比亚的著作，而并不是他所谓的《圣经》。那个人太固执了，他坚持认为自己的观点是正确的，甚至还愤怒地说："你说什么？你说这句话出自莎士比亚？简直是天大的笑话，这句话绝对出自《圣经》。"为此，我们两个争论得不可开交。

这个故事到这里已经讲了一半了，不过我决定先把它放一放，因为我要告诉女士们一些事情。相信女士们对我刚才所说的事情并不陌生，因为你们也经常会遇到这样的情景，然后和我一样做出愚蠢的举动。

事实上，争强好胜并不是男人的专利，女人同样也有这样的心理。而且，单从互相攀比的心理来说，女人可能比男人还要多一点儿。从心理学角度说，女性的虚荣心理往往比男性要强，而她们的自尊也往往要强于男性。在这种心理的支配下，很多女士都希望在特定的场合，尤其是在众目睽睽之下，证明别人是错的，自己是对的。不过，所有人，我说的是所有人，包括男人也包括女人，都不希望自己的权威和尊严受到挑战。当你试图要改变他们的想法时，他们会严守自己的阵地，坚决不做出任何退让。这时，那些好胜的女士们也不甘心落后，于是选择了与别人争论，而且一定要争论出个结果来。

好了，我们再回到刚才的那个故事中。当时，我们两个争论了很长时间，谁也不能说服谁。非常幸运的是，当时我的一个老朋友加蒙就坐在讲故事的人的右边，他可是个研究莎士比亚的专家。所以，我们决定找他作为裁判，来证明一下，到底谁是正确的。

让我感到意外的是，加蒙先生偷偷地用脚踢了我一下，然后说："很遗憾，戴尔，这次你错了，这位先生是对的，这句话的确出自《圣经》。"

也许你们无法想象我当时的感受，总之那是一种很让人难受的感觉。在回家的路上，我忍不住问他："加蒙，你是知道的，这句话的确出自莎士比亚。"加蒙点了点头，说："的确，你没有错，但我们只是一个客人，为什么要证明他是错的？为什么不去保住人家的面子？你为什么要与人争论？这难道能使他喜欢你？记住，永远避免正面冲突。"

故事讲完了，加蒙那句"永远避免正面冲突"我永远记在心里，尽管今天他本人已经离我而去。我不知道当各位女士和别人争论不休的时候会不会有一个人在旁边对你说出这样的话，我希望有。但我知道，你的自尊心、虚荣心和优越感使你根本听不进这句话，因为你要通过争论来证明自己。

我不知道各位女士是怎么看待争论不休的，但我认为争论的后果最终只有三个。

争论不休的后果 >>>
· 不会有任何结果；
· 只能使对方更加坚定自己的看法；
· 你永远是失败者，因为你什么也得不到。

我说这些话并不是没有根据的，因为我向来就是一个执拗的辩论者。年少的时候，我很热衷于参加各种辩论活动。长大以后，我也非常热衷于研究辩论术，甚至于还曾计划写一本有关辩论的书。不过，在我进行了数千次的辩论以后，我得到了一个结论：避免辩论是获得最大辩论利益的唯一方法。

多年前，我的训练班中来了一位名叫苏菲的爱尔兰人。她是一名载重汽车的推销员，可是她从来没有一次成功地将自己的产品推销出去。我试着和她进行了一次谈话，发现她虽然受教育很少，但却非常喜欢争执。不管在什么情况下，只要她的买主说出一丝贬损她的产品的话，她都会愤怒地与人家进行一场争论。她还告诉我，她认为她教会了那些家伙一些东西，只不过她的产品没卖出去而已。

面对她这种情况，我没有直接去训练她如何说话，而是反过来让她保持沉默，不再与人发生口头冲突。事实证明：我的方法是有效的，因为苏菲如今已经是纽约汽车公司的一名推销明星了。

事实上，每一位女性都是一名推销员，不同的是，苏菲推销的是载重汽车，而女士们推销的则是她们自己。相信，如果女士们想要成功地把自己推销出去，成为受人欢迎的人，那么她们必须要做的就是不去与人争论。然而，很多女士都不能自觉地做到这一点。她们更加热衷于陶醉在那种与人争论的美妙感觉中，因为在争论之中，她们永远都不会失败，不管对方如何地"苦口婆心"，女士们始终会坚持自己的观点。

我也曾经做过努力，努力地去寻找一些争论不休能给人带来的好处。很遗憾，尽管我已经尽力了，但始终没有发现它的一丝正确性。老富兰克林曾经说："如果你辩论、争强、反对，你或许有时获得胜利。不过，这种胜利是十分空洞的，因为你永远得不到对方的好感。"

我十分赞同富兰克林的话，因为他的话也代表了我的观点。我可以明确地告诉各位女士，争论不休对于你来说真的没有一丁点儿的好处。

我不知道我这么说是否能让各位女士明白，你在与人交际的过程中，你在为人处世的过程中，妄图通过争论来改变对方的想法，这种做法是相当愚蠢的。虽然你也许是对的，或是你根本就是绝对正确的，但是你在改变对方的思想这方面，可以说是毫无建树。这一点，和你本身就是错的没什么两样。

我不知道女士们为什么还要去争论，你能从中得到什么。有两个结果摆在你面前，一个是暂时的、口头的胜利；另一个是别人对你永远的好感。不知道女士们会选择哪一个？反正换了是我，我绝对会选择后者，因为这两者你很少能够兼得。

实际上，那些真正成功的人是从来不喜欢争论的。我喜欢举林肯的例子，因为他在为人处世上非常的成功，而且他的这一套技巧完全没有性别限制，也就是说对女性同样适用。林肯曾经重重地责罚过一个年轻的军官，仅仅是因为他与别人产生了争执。林肯狠狠地教训了军官一顿，其中有一句话颇具深意："与其因为争夺路权被一只狗咬，还不如事前给狗让路。不然的话，即使你把狗杀死，也不可能治好伤口。"

我非常赞同这句话，并不是因为这是林肯说的，而是因为有人确实运用这句话解决了很大的问题。

巴森士是一位所得税顾问，有一次他与一位政府税收的稽查员争论起来，起因是关于一项9000元的账单。巴森士坚定地认为，这9000元的账单的的确确是一笔死账，是不应该纳税的。而那名稽查员则认为，无论如何，这笔账都必须纳税。他们两个不停地争论，一个小时过去了，双方谁也没有说服谁。

最后，巴森士决定让步。他决定改变题目，不再与稽查员进行争论。巴森士说道："我认为，与你必须做出的决定相比，这件事简直微不足道。尽管我曾经研究过税收问题，但我毕竟是从书本上学到的，而你却是从实践中学来的。"

"你知道当时发生什么了吗？"巴森士得意地对我说："那位稽查员马上站起身来，和我讲了很多关于工作上的事，最后居然还和我讲有关他孩子的事。3天以后，他告诉我，他可以完全按照我的意思去做。这太神奇了!"

女士们可能会认为，这位巴森士是一位顾问，作为女人不可能会有如此深的心机。其实，巴森士并没有运用什么高超的技巧，他只是避免了与稽查员正面的冲突，这就足够了。因为那位稽查员有自重感，事实上每个人都有，而巴森士越是与他辩论，他就越想满足他的这种自重感。事实上，一旦巴森士承认了他的重要性，他也会立即停止辩论。

我总结了一些方法，也许会对女士们不再去争论不休提供一些参考。

避免争论的方法 >>>

·我觉得苏菲就是一个很好的例子，你完全可以先让自己保持沉默；

·你应该学会容忍别人所犯下的错误；

·当别人指责你的错误时，你应该欣然接受；

·你可以考虑运用改变题目的方法避免争论。

┃发自真心地请别人帮忙

我们不能否认，每个人，包括你和我，也包括男人和女人，在内心都是十分渴望得到别人的欣赏和尊重的，特别是得到那些比我们富有或身份高贵的人的欣赏和尊重，这一点我深有体会。

我记得非常清楚，那是一年夏天，我和我夫人开着我们心爱的T型车前往法国的乡下旅行。本来，有机会到乡村旅行应该是件很惬意的事情。可谁承想，由于没有向导，我们在乡村迷了路。当我们把车停下来的时候，正好有一群农民走过来。于是，我和我夫人很友好也很礼貌地上前问道："真是抱歉，我们是第一次来这里，现在迷了路！你们能帮我们一个忙吗？我们想知道如何才能到达下一个镇。"

你们真的想象不到，那些农民是多么愿意给我们提供帮助。事实上，那里的农民都是很穷的。他们穿着木鞋，并且很少能见到车。当他们见到一对开着汽车的美国夫妇时，一定把我们当成了百万富翁，甚至于认为我就是福特兄弟中的一员。

当时那些农民太兴奋了，因为他们知道一些富人们不知道的事情，而且他们还接受了富人们客气的脱帽致礼，这使他们有一种很强的优越感。接下来发生的事太奇妙了，这些农民都争先恐后地给我们介绍当地的地理情况，甚至有几次有人还示意别人不要插嘴，因为他们更希望能够独自享受这种美妙的感觉。

我对这件事的印象是非常深刻的，因为从那以后我意识到，如果你能够请求别人帮你一个忙，哪怕是很小的一个忙，那么这个人就能够从你那里得到很强的优越感和自重感。

不过很可惜，很多女士并不愿意去请求别人帮忙，她们认为这是一种向别人示弱的表现。她们的自尊心很强，虚荣心也很强，而且还很自负，一直都希望通过自己的努力来解决一切事情，尽管有时候她们确实需要帮助。

爱丽丝，我妻子的一个朋友，是一家电器销售公司的推销部主任。虽然她在这个行业已经做了很多年，但是她似乎并不认为推销是件快乐的事。她曾经苦恼地对我妻子说："你简直不敢想象，我每天要浪费多少时间！我必须给各地的经销商发出调查信，因为我要知道他们的销售情况到底怎么样？可是那些可恶的家伙却很少给我回信。每个月的回信率如果能达到5%~8%，那就已经是相当不错了。如果能达到15%，我真该感谢上帝。如果能达到20%，天啊，这简直是奇迹。"

我妻子听完她的抱怨之后，就建议她去参加我所开设的培训课程。爱丽丝抱着试试看的态度来找我，并表示希望我真的能够帮助她摆脱困境。事实上，我没有教会爱丽丝很多东西，只不过是教了她一些小技巧而已。但是，就在她参加完培训课之后，那个月的信件回复率简直是在以惊人的速度增长，甚至有一次居然达到了43%。"上帝！这简直是两次奇迹。"爱丽丝兴奋地对我说。

相信女士们一定对我教给爱丽丝的那个小技巧很感兴趣，一定想知道是什么使得爱丽丝如此大受青睐。下面，我就把爱丽丝写给各地经销商的信给大家介绍一下：

弗罗里达州亲爱的某某：

我现在面临一个问题，不知道你能不能帮助我解决这个困难？早在去年，公司就已经要求经销商把销售额的信件寄给我们，因为这是我们进行宣传所需的资料。当然，这一切的费用都是由我们来承担的。

先生，如今我已经给各地的经销商都发去了信件，大多数人都已经给了我回信，并且对我们的这种做法表示赞同。今天早上，经理突然问我近几个月公司的销售额提高了多少，对此我无言以对。我现在请求您，希望您能够帮我一个忙，给我回复一下信件，这样我就可以向上司交差了。

如果您帮了我这一个小忙，我真的会由衷地感谢您的。

推销部主任爱丽丝　敬上

女士们，爱丽丝的这封底信是很有魅力的。在称呼上，她用到了"亲爱的"，这一下子就缩短了她与经销商之间的距离。接着，在开头的时候，爱丽丝并不是以一名推销主任的身份去命令别人给她回信，而是诚恳地和别人说："请帮我一个忙！"这就是爱丽丝成功的秘诀，她成功地运用了这一心理战术。

我不知道各位女士是怎么看待这一问题的，但以我的经验来看，如果你能够灵活地运用这一心理战术，那么将会使你的人际关系大为改观，也会让你的事情得到圆满的解决。

可能有些女士对我说的第三点不赞同，因为在她们看来敌人是不可能会帮助自己的，而事实却并不是这样。我总是喜欢举一些名人的例子，因为他们是真正的成功人士，也是处理人际关系的高手。最重要的一点是，他们的成功经验可以被所有人借鉴，女士们也不例外。

富兰克林还是个年轻人的时候，在印刷业就已经小有名气了。然而，他非常热衷于政治，十分渴望得到费城议院秘书这个职务。不过，就在他竞争这个职务的过程中，遇到了一点儿小小的麻烦。在费城的议会中有一位地位显赫的人对他非常不满，甚至还曾经公开诋毁他。富兰克林知道这是一件非常棘手的事情，所以他决定让那个人喜欢上自己。

读到这的时候，很多女士可能会说："开玩笑，怎么可能？让一个如此讨厌自己的家伙喜欢上自己？这简直是天方夜谭！"是的，也许这对大多数普通的人来说是件不可思议的事，但是对于富兰克林来说，却并不是一件很难的事，因为他的确做到了。

富兰克林给这个人写了一封信，信上说请求他帮助自己一个小忙，因为自己非常想阅读一本书，但是这本书自己怎么也找不到。同时，富兰克林还表示，希望那个人能够帮自己找到这本书，然后让自己借阅两天。结果，那个本来很敌视富兰克林的人很快就把书给他送来了，而富兰克林也在一个星期后把书还给了他，并且附上了一封感谢信，尽管谁也不知道他是不是真的看了这本书。

女士们，你们知道以后发生了什么吗？那个人居然在一次聚会中主动和富兰克林打招呼，而且还亲切地和他交谈。之后，两个人成为了非常要好的朋友，这段友谊一直持续到富兰克林去世。

说真的，连我对这一心理战术的魔力都赞叹不已。我想对各位女士说的是，适时地、巧妙地请求别人帮助，并不是一种无能的表现，相反是一种高明的手段。我一直都认为，一个成功的女性应该让所有的人都喜欢你，这里面既要包括你的家人和朋友，也要包括你的敌人。你要像推销商品一样把你自己推销给他们，让他们接受你，当然前提必须是以你的魅力感染他们。

凯丽是一位推销水暖器材的推销商，进入推销界也已经有很多年了。有一年，她在布洛克林区推销业务的时候遇到了一个难题，应该说是一个很大的难题。

布洛克林区当地有一名水暖器材销售商，生意做得非常大，而且在当地的信誉也非常好。凯丽是个很有经验的推销员，当然不会轻易放过这样一个绝佳的机会。她几次登门拜访，希望能够说服他与自己签订业务。可是，这个家伙的脾气却是非常不好，每当凯丽来找他的时候，他总是叼着雪茄，然后不可一世地吼叫道："给我滚出去，你这个没见过世面的乡下姑娘，我现在什么都不需要。"

凯丽碰了几次壁以后，知道自己再这样下去永远不会拿到想要的订单。于是，她想到了一条妙计，一条非常好的妙计。

这天，凯丽又一次敲开了经销商办公室的门。还没等那个经销商开口说话，凯丽就马上说道："请原谅先生，我今天并不是来向你推销什么东西的，我只希望能请您帮我一个小忙而已。"

"哦？是吗？不知道有什么可以为尊贵的小姐效劳？"销售商今天的态度出奇得好。凯丽笑着说："是这样的，先生，我们公司打算在这里成立一家分公司，但是您知道，我对这里的情况并不熟悉，而您却在这里干了很多年。因此，我希望能够从您那里得到一些非常好的建议，对此我将感激不尽。"

"哦，是的，我很愿意效劳，而我也确实对这里比你熟悉得多！还愣在那里干什么？赶快拿把椅子过来，我觉得你这个忙我一定可以帮！"接着，这位前几天还脾气暴躁的销售商，今天却慈祥得像一位长辈一样。

就在那天晚上，凯丽从这名经销商那里得到了很好的建议，也得到了一份数目不小的订单，更赢得了一份珍贵的友谊。

凯丽真的很聪明，她运用了我们所说的心理战术，达到了她想要的目的。我在这里可以向各位女士们保证，如果你们也学会这一心理战术，一定可以使你们成为你所居住的那个镇最受欢迎的女士，因为谁都愿意从别人那里获得欣赏和尊重。

　　不过，有一点我必须在这里提醒各位女士，这种"请求别人帮助"必须有一个大的前提，那就是要发自真心的、真诚的。我必须告诫各位女士，你对别人的欣赏和尊重并不等同于吹捧和阿谀献媚，千万不要为了获得别人的好感而去一味地奉承别人，因为那样会使你看起来非常虚伪。

▎建议永远比命令更有"威力"

　　有一次，我的培训课上来了一位名叫丽莎的女士。她告诉我，她是一家广告公司设计部的主任，可是她现在的工作很不顺利，也很不快乐。当我问起是什么原因时，丽莎女士苦恼地说："上帝，我真的不知道是怎么回事。我不明白，为什么办公室里的每个人都好像在针对我。你知道，我是一名主任，可是我的话对于那些职员来说根本起不到任何作用，事实上他们根本就不听我的。"

　　听到这儿的时候，我已经知道这是一位将人际关系处理得很糟的设计部主任了。我想我能帮她，但我必须要找到她失败的原因。于是，我问她："丽莎女士，你平时是怎么和你的下属在一起工作的?"我清楚地记得，当时丽莎女士的表情很不以为然，她说："还不是和其他的人一样，我是主任，必须要对整个部门负责，也必须要对我的上司负责。我必须要他们做这个做那个，因为这是我的职责。可是似乎没有人能听我的。"我追问道："你是说，你在工作的时候是用'要'这个词，是吗?"丽莎女士很诧异地回答说："当然，卡耐基先生，要不你认为我应该用什么词？"我现在已经可以肯定地判断出丽莎女士失败的原因了，我对她说："丽莎女士，以后你再要别人做什么工作的时候，我建议你用另一种方式。你完全可以用一种提问或是征求的口气，而并不一定要用命令的口气，就像我现在建议你一样。你觉得呢？"

两个月后，当我再一次见到丽莎女士的时候，她已经完全变了一个人，变成了一个非常快乐的人。"卡耐基先生，我真的不知道该怎样感谢您！"丽莎女士兴奋地说："您知道吗？您的那个办法简直太神奇了，现在部门的同事都和我成了要好的朋友，工作也开展得十分顺利。"

我真的非常替丽莎女士高兴，因为她听完我的话后，已经很清楚地看到了自己的不足，并能够马上把它改正过来。遗憾的是，似乎大多数女士到现在为止依然保持着丽莎女士从前的状态。女士们似乎更热衷于叫别人做什么，而不是让别人做什么。也就是说，比起建议来，女士们更喜欢用命令的语气。

实际上，大多数女士都喜欢采用这种做法，因为这可以让她们的自尊心和虚荣心得到满足。然而，女士们的自尊心和虚荣心是得到满足了，可那些被命令的人却受到了伤害，失去了自重感。这种做法真的会使你的人际关系变得一团糟。

有一次，我和一位在宾夕法尼亚州教书的教师聊天，他给我讲了这样一个故事：

一天，一个学生把自己的车子停错了位置，因此挡住了其他人的通道，至少是挡住了一位教师的通道。那名学生刚进教室不久，女教师就怒气冲冲地冲了进来，非常不客气地说："是哪个家伙把车子停错了位置，难道他不知道这样做会挡住别人的通道吗？"

那名学生其实当时已经意识到了自己的错误，于是他勇敢地承认了那辆车是他停的。"凶手"既然出现了，女教师自然不会放过他，大声地说道："我现在要你马上把你那辆车子开走，否则的话，我一定让人找一根铁链把它拖走。"

的确，那个犯错的学生完全按照教师的意思做了。但是从那以后，不只是这名学生，就连全班的学生都似乎开始和这个老师作对。他们故意迟到，还经常捣蛋。老实说，那段日子，那位脾气很大的女教师确实真够受的。

我真的不明白，那名教师为什么要用如此生硬的话语呢？难道她就不能友好地问："是谁的车子停错了位置？"然后再用建议的语气让那名学生把车子开走吗？我想，如果这位女士真的这么做了，相信那名犯了错的学生会心甘情愿地把车子开走，而她也不会成为学生们心目中的公敌。

我不知道女士们是否已经明白我在说什么，事实上从一开始我都在试图建议女士们改掉喜欢命令别人的作风。实际上，你不去命令他人做什么，而是去建议他人做什么，这种做法是非常容易使一个人改正错误的。你这样做，无疑维护了那个人的尊严，也使他有一种自重感。我相信，他将会与你保持长期合作，而并不是敌对。我建议女士们在改正这种做法之前，先看看下面这几点，因为这样也许能让你更加坚定信心。

我并不是在这里毫无根据地说，因为你采用命令的语气去让别人做事，危害是非常大的。

女士们，采用建议的语气让他人做事真的是一种非常有效的方法。事实上，这个道理是我从资深的传记作家伊达·塔贝儿那里学来的，而伊达·塔贝儿又是从欧文·杨那里学来的。

我真的很庆幸那次能有机会和伊达·塔贝儿共进晚餐。当时，我和她说我正在计划写这本书，于是我们就讨论起应该如何与人相处的话题。伊达·塔贝儿神采飞扬地告诉我，她为欧文·杨先生写了一本自传，书名就叫《欧文·杨传》。为了搜集素材，她曾经和一位与欧文在一起工作了3年的人谈话。我当时很奇怪，不知道为什么她说起这件事的时候会显得那样兴奋。伊达·塔贝儿告诉我说，欧文真的是一位处理人际关系的高手，他的员工都非常高兴能为他工作。欧文从来没有指使过别人做什么事，他对人总是采用建议而不是命令的语气。

"你知道吗？戴尔！"伊达·塔贝儿兴奋地说，"欧文真是太高明了，他从来不会说'你去干这个'，或是'他去干那个'。他总是会对别人说，'你可以考虑一下采用这种方法'，或是'你觉得这样做怎么样'。他经常会对自己的助手说，'也许这样写会更妥当一些'。戴尔，我真的十分佩服他这种建议别人的做事方法，这使他在与人相处的时候始终立于不败之地。"

伊达·塔贝儿的话深深地触动了我，从那以后，我就把她的话牢记在心，并且也在平时刻意地按照这一原则去做。经过我的实践，我发现，这真的让许多我以前做起来很头疼的事变得简单，因为无礼的命令只会让人对你产生怨恨，只有真诚的建议才能让别人接受你的意见。

女士们，我想你们已经非常明白我的意思了，因此我十分诚恳地建议你们能够按照我所说的去做。不管你是一名普通的女性，还是某个部门的主管，掌握这一技巧，都无疑会让你受用无穷。

伊丽莎白女士是英国一家纺织厂的总经理，应该说她是一个精明能干的女性。有一次，有人提出要从他们的工厂订购一批数目很大的货物，但要求伊丽莎白女士必须能够保证按期交货。坦白说，这个人的要求有些过分，因为那批货确实数目不小，况且工厂的进度早就已经安排好了。如果按照他指定的时间交货，当然不是不可能，但那需要工人加班加点地干。

伊丽莎白女士非常愿意接受这项业务，但她也考虑到这可能会使工人有怨言，甚至给自己招来一些不必要的麻烦。她知道，如果自己生硬地催促工人们干活，那么肯定会使自己陷入尴尬的境地。

这时，伊丽莎白女士想到了一条妙计。她把所有的工人都召集到了一起，然后把这件事的前前后后都说得非常清楚。伊丽莎白说："这项业务我非常愿意承担，因为这对我们工厂的发展是有好处的，而你们所有人也都能获得利益。不过，我现在很犯难的是，我们有什么办法可以达到这个客户的要求，做到按期交货呢？"接着，伊丽莎白女士又说："我真的不知道该怎么办，你们有谁能想出一些办法，让我们能够按照他的要求赶出这批货来。我想你们比我更有发言权，你们也许能够想出什么办法来调整一下我们的工作时间或是个人的工作任务。这样，我们就可以加快工厂的生产进度了。"

员工们在听完伊丽莎白的建议后，并没有像她事前想象的那样发牢骚或是抗议，相反却纷纷提出意见，并且表示一定要接下这份订单。工人的热情很高，都表示他们一定可以完成任务。更加让伊丽莎白吃惊的是，有人居然还提出愿意加班加点地干，目的就是要完成这项订单。

事后，伊丽莎白和她的朋友说："那一次，工人们的举动真的令我太感动了，我真的不知道该怎么感谢他们。"她的朋友回答说："伊丽莎白，这是你应得的，因为你先尊重了他们，使他们有了自尊，所以他们的积极性才会发挥出来。"

女士们，我真心的希望我所说的东西能够给你们提供一些帮助。我希望你们能够明白，建议其实是一种维护他人自尊的好办法，更加容易使人改正自己的错误。它给你带来的会是对方诚恳的合作，而不是坚决的反对。

最后，我想给女士们提一些建议，那就是你在运用这项技巧的时候，有一些事情是要注意的。

建议别人的注意事项 >>>

·一定要发自真心地、真诚地去尊重别人；

·态度必须要诚恳；

·说完注意事项，我这里还有一些小的技巧可提供给各位女士。

建议别人的技巧 >>>

·用提问的方式让别人去做你想要他们做的事；

·在和他们说话时，你可以采用商量的语气。

相信，如果女士们从现在起真的做到这一点的话，那么你们一定可以成为最受欢迎的人。

▎别忘了，保全别人的面子很重要

我想各位女士一定注意到了这一点，我一直都在强调与人相处时首先要做到的就是尊重对方，使对方有一种自尊感和自重感。是的，这一点对于我们是否能和别人愉快地、融洽地相处有着至关重要的作用。实际上，别人这种自尊感和自重感就是我们平时所说的"面子"。因此，我在这里必须要向各位女士再一次强调这一点，保全别人的面子是很重要的。

可是，我不得不遗憾地说，这似乎并没有引起大多数女士的注意。女士们更乐于直接指出别人的错误，采用一种践踏他人情感，刺伤别人自尊的方法来满足自己的虚荣和自尊。很多女士都很少考虑别人的面子，她们更喜欢挑剔、摆架子或是在别人面前指责自己的孩子或是雇员，而并不是认真考虑几分钟，说出几句关心他们的话。事实上，如果我们能够设身处地地为别人想想，然后发自内心地对别人表示关心，那么情景就不会那么尴尬了。

几年前，著名的通用电气公司曾经碰到过一个非常棘手的问题，因为他们不知道该如何安置那位脾气古怪、暴躁的计划部主管乔治·施莱姆。通用公司的董事们必须承认，乔治·施莱姆在电气部门称得上是一个超级天才。对于他来说，没有什么是不可能的。董事们非常后悔，后悔当初把乔治调到计划部来，因为在这里他完全不能胜任自己的工作。虽然有人提出直接告诉乔治这个调换职位的决定，但公司的董事们并不愿意因此而伤害到他的自尊，因为他毕竟是一个难得的人才，更何况这个天才还是一个自尊心非常强的人。最后，董事们采用了一种很婉转的方法。他们授予乔治一个公司前所未有的新头衔——咨询工程师。实际上，所谓的咨询工程师的工作性质和乔治以前在电气部门的工作性质完全一样。但是，乔治对公司的这一安排表示非常满意，没有向上级部门发一点的牢骚。这一点，公司的高层领导非常高兴，因为他们庆幸自己当初选择了保留住乔治面子的做法，否则这位敏感的大牌明星准会把公司闹个底朝天。

我只想告诉女士们，有些时候批评他人或是惩罚他人并不一定非要直白地进行，我们完全可以委婉地、间接地达到自己的目的。如果能够在保住别人自尊的情况下指出别人的错误，也许他们更能够接受你的意见。

前几天，我和一位宾夕法尼亚州的朋友聊天。他给我讲了一件发生在他们公司的事情，使我更加坚信保留别人的面子是很重要的事情。

"事情是这样的。"我的那位朋友说，"有一次，我们公司召开生产会议。会议刚开始，公司的副总就提出了一个非常尖锐而且让人下不来台的问题，那是一个关于生产过程中的管理问题。"听到这儿的时候，我不免插嘴道："这是很正常的事，一个公司有了问题就必须提出来！""是的！"我的那位朋友点了点头，"你说得很对，戴尔！副总指出的问题并没有错，但是他不应该气势汹汹地把所有的矛头都指向当时的生产部总督。天啊！当时的场面真的很令人尴尬。我们都能感觉到，总督确实生气了，但是他怕在所有的同事面前出丑，所以对副总的指责沉默不语。戴尔，你真的不能想象，总督的沉默反倒更加激怒了副总，最后副总甚至骂总督是个白痴、骗子。""那后来怎么样？"我又插了一句嘴。我的那位朋友摇了摇头，面带遗憾地说：

"我想，即使以前的关系再好，由于副总使他在众人面前颜面尽失，那位总督也不可能继续留在公司。事实上，从第二天起，总督就离开了公司，成了我们一家对手公司的新主管。我知道，他是一位非常不错的雇员。事实上，他在那家公司做得非常好。"

从这位朋友讲完这个故事以后，我时刻提醒自己，不管在什么时候，都要首先考虑如何保留别人的面子。我的一位会计师朋友苏菲告诉我，她对这一点的体会是非常深的。

"会计师这一职业是有季节性的，因为我们的业务就是这样，我不可能在没有业务的情况下雇佣那些有能力的会计师们。"苏菲有些无奈地说，"说真的，戴尔！你知道吗？解雇一个人并不是什么十分有趣的事，事实上我也知道，被别人解雇更是一种没趣的事。但是我没有别的选择，我必须在所得税申报热潮过后，对很多人说抱歉。其实，我们都不愿意面对这样的现实，我们这一行还有一句笑话：没有人愿意轮起斧头。是的，谁也不愿意去解雇任何人。不过，做我们这行的都知道，自己迟早是会面对的，躲是躲不过去的。因此，大家似乎都已经变得没有了感觉，心里只是希望能够早一天赶走这种痛苦。大多数时候，人们都会以这样的方式说话：'你知道，现在旺季已经过去了，所以我们没有再继续雇用你的必要。你放心，当旺季再一次来临时，我们还会继续雇用你，所以你只好暂时失业。'这对于别人来说真是太残忍了，而且往往那些人不会再回来为你工作。因此，我从来不对人这么说。"

我对苏菲的话非常感兴趣，追问道："那么你是怎么和那些会计师们说的呢？"

苏菲有些得意地说："我从不做这种伤害人自尊的傻事，当我不得不去解雇某些人时，总是委婉地说：'某某先生，您的工作做得非常好，我也非常得满意。我记得有一次您去纽约，那的工作简直太令人厌烦了，可是您却把它处理得井井有条。我真难想象，您居然一点差错都没出。我希望您知道，您是我们公司的骄傲，我们对您的能力没有一丝的怀疑，我希望您能够永远地支持我们，当然我们也会永远地支持您。'"

"然后呢?"我不解地问。苏菲笑了笑说："然后就给他结了账，让他离开了。事实上，作为一名会计师，每个人都非常清楚，到这个时候自己肯定会面临失业。他们在面对本来就会发生的事情的时候，更希望获得的是一份尊严。我，苏菲，给了那些会计师们尊严，而他们也非常乐意再一次回到我们这里帮我继续工作。"

我想各位女士已经体会到了保留他人面子的重要性。是的，它往往会使你得到意外的收获，也会让你的人际关系变得融洽、自然、和谐。我不得不再重申一次，保留别人的面子对你是有很大帮助的。

保留别人面子的好处 >>>

· 使别人愿意接受你的意见；

· 不会使你陷入尴尬的境地；

· 达到你做事的目的；

· 帮助别人改正错误；

· 让你成为一个受欢迎的人。

为了让女士们能够更加相信我所说的话，我还有必要告诉你们，如果你不保留别人的面子，将会给你带来哪些麻烦。

不保留别人面子的危害 >>>

· 别人会拒绝你的意见；

· 你的人际关系将变得一团糟；

· 使问题更难解决；

· 毁掉一个人。

有些女士可能会认为我是在危言耸听，我们不去保留他人的面子，无论如何也不能说就毁了一个人。事实上，我并不是在故意地夸大其辞，因为如果你有意地伤害了别人的自尊，那么真的有可能使他永远不能回头。幸运的是，当玛丽小姐出现问题时，她遇到的是一位"仁慈"的雇主。

玛丽在一家化妆品公司做市场调查员，这是她刚刚找到的一份新工作。玛丽很兴奋，也很高兴，上班的第一天她就接到了一份重要的工作——为一个新的产品做市场调研。可能是由于太激动，也可能是因为对于新的工作还不熟悉，总之玛丽做的市场调查出现了非常严重的错误。

"卡耐基先生，您知道吗？当时我真的要崩溃了，真的！"玛丽说道，"您也许不知道，由于计划工作中出现了一些错误，导致我所得出的所有结果都是错误的。那就意味着，如果想完成这项任务，我就必须要从头再来。本来，让我重新开始工作并没有什么大不了的，但关键是报告会议马上就开始了，我已经完全没有时间去改正错误了。"

是的，一切的错误似乎都已经无法挽回。据玛丽回忆说，当她在会上给众人做报告的时候，她已经被吓得浑身发抖。她一直都在克制自己的情绪，希望自己不会哭出来，因为那样的话一定会让大伙嘲笑她的。最后，玛丽实在忍不住了，就对他们说："这些错误都是我造成的，但我希望公司能给我一次机会。我一定会重新把它们改正过来，并在下次开会的时候交上。"玛丽说完之后，本以为老板一定会狠狠地训斥她一顿。可没承想，老板不但没有大声指责他，反而先肯定了她的工作，并对她的认错态度表示欣赏。接着，老板又对她说，刚入门的调查员在面对一项新计划的时候，难免会有一些差错，这是不可避免的。他相信，经过这次教训之后，玛丽一定会变得非常严谨、认真，她的新计划也一定会完美无缺。

玛丽对我说，她那一次真的非常感动，因为老板当着众人给足了她面子。从那一刻起，她就下定了决心，以后绝对不会再让这样的事情发生。

女士们必须牢记这一点，即使别人犯了什么过错，而这时我们是正确的，我们仍然要保留他们的面子。因为如果不那样的话，我们有可能会毁掉这个人。

▎承认错误一点儿都不丢人

女士们，你们是否犯过错误呢？可能有人会认为我的问题是很愚蠢的，因为没有人不犯错误。其实，我知道所有人都会犯错误，但并不是所有人都对自己犯下的错误有一个正确的态度。事实上，有一次我就因为没有正确处理好自己的错误而差一点被人告上法庭，尽管那并不是一个很严重的错误。

离我家不远的地方有一片森林，我只要步行一分钟就可以到达。每当春天来临之时，林子里的野花都会盛开，而且还会看到很多忙碌的松鼠，就连马草都能长到马首那么高。你们可能想象不到我发现这片美丽的森林时的心情，那种感觉就像是哥伦布发现了美洲大陆。我爱上了这片美丽的地方，经常会带着我那只小巧可爱、性情温顺并且绝不会伤人的波斯狗瑞克斯去那里散步。我说过了，我的瑞克斯是非常听话的，根本不会伤害到任何人，所以我从来不给它带上皮带或是口笼，尽管我知道这是违法的。

一天，当我带着瑞克斯在林子中悠闲地散步的时候，迎面走来了一位法律的执行者——警察，而且是一位急于显示他权威的警察。

"嘿！就是你，看你都干了些什么？"警察先生很生气地说，"你怎么可以不给那条狗戴上口笼而且还不用皮带系上呢？你这是在放任这条狗在林子中胡乱地跑，难道你是有和法律对着干的想法吗？难道你不知道这么做是违法的吗？"

其实，我也知道这种做法是违反法律规定的，但我觉得这位警官说得有些严重了。于是，我和警官理论起来，并且尽可能得轻柔地说："先生，我知道这是一件犯法的事，但我的瑞克斯是一只很温顺听话的小狗，我想它并不会在这里制造出什么乱子来！"

"你认为！你认为！但是我知道法律从不这么认为。"我的话激怒了这位警官，他开始冲我大喊大叫："你所谓的那只温顺听话的小狗虽然不会伤害到一个成年人，但它完全有可能咬伤松鼠或是儿童。不过，看在你是初犯的份上，我这次就原谅你的错误。如果你以后再让我看到你不给这只狗戴上口笼或系上皮带的话，那我只好请你去和法官谈一谈了。"

我知道，那位警察先生不过是在吓唬我，其实他只是想告诉我，这个地区是他说了算。虽然他并不会真的把我送上法庭，但当时的场景确实令人很尴尬。相信女士们一定遇到过和我一样尴尬的场景，因为你们在之前已经承认了每个人都会犯错误，而且很多人都会和我一样选择辩解，希望以此来减轻自己的错误。

　　女士们，请恕我直言，尽力为自己的过错进行辩护是一种极其愚蠢的行为，而事实上大多数女士都会这样去做。我只能说，这种愚蠢的做法会让你陷入尴尬的境地，甚至让你遭受到比直接承认错误还要严重的惩罚。不过幸运的是，我比大多数女士早先一步发现了这一点的危害，因此我并没为此付出太多的代价。

　　在那位警官训斥过我之后，我曾经认真地遵守了几次，但是我的瑞克斯非常不喜欢口笼，当然我也不喜欢，最后我们决定碰碰运气。应该说我们是比较幸运的，因为起初我们并没有遇到什么麻烦。可是一天下午，当我和瑞克斯正在林子中玩耍的时候，那位象征权威的警察出现了。

　　我知道，这次不管怎么狡辩都会受到惩罚，因为警官以前就警告过我了，所以我根本就没有打算为自己辩护。在警察还没有开口说话前，我就很诚恳地说："对不起，警官先生，这次您又把我抓住了！我知道我犯了法，所以我不想去解释或是找借口。事实上，您在上个星期就已经警告过我了，但是我还是没有给瑞克斯带上口笼或是系上皮带。对此我表示歉意，而且也非常愿意接受处罚。"

　　本来，我是等待他给我开出罚单。不想警察先生却温和地说："其实，每个人也包括我都知道，如果在周围没有人的情况下，带上这样一只小狗四处跑跑是一件非常有趣的事。"

"我知道那非常有趣，但是我触犯了法律！"我坚定地说。

"我知道，但我想这样一只小狗不会伤害到人。"警察先生居然为我的瑞克斯辩护起来。

"可是，它完全有可能会伤害到一只松鼠或是咬伤儿童。"我依然坚持自己的观点。

警察先生显然已经不想惩罚我，对我说："其实你对这件事有点太认真了！我倒有个两全其美的办法。你只要告诉你的小狗，让它跑过那个土丘。这样，我就看不见它了，而我们也会很快就将这件事忘记的。"

说真的，我真的很庆幸自己当时没有为自己的过错进行辩护。我十分清楚，这位警官并不是没有人情味，他只不过是想通过惩罚或是教训我的方法使自己获得一种自重感。因此，当我在开始就责备自己时，他所能做的只有对我采取宽大的态度，因为只有这样才能显示出他是慈悲的，才能使他获得更多的自重感。女士们不妨试想一下，如果我愚蠢地为自己的行为进行辩护的话，那么结果会是什么？我还从来没看到过有谁在和警察进行的辩论中取胜的。

如果女士们犯了错误，当然这是不可避免的，那么你首先必须清楚，你确实是做了一件错事，所以你受到责备或是惩罚是理所应当的事。那么，我们为什么不能首先承认错误，进行自我批评呢？这样做难道不是比别人批评指责我们更加好受一些？我还可以告诉各位女士，如果在别人说出责备你的话之前，你先一步开始了自责，那么他们的选择只能是用宽容的态度来原谅你的过错。

爱玛是华盛顿一家公司的中层管理人员。有一次，因为一时疏忽，她错误地给一名正在休假的员工发了全部的薪水。爱玛知道自己一定会受到老板的责备，所以她决定亲自向老板道歉。

爱玛轻轻地敲开了老板办公室的门，首先看到的是老板那张愤怒的脸。在老板还没有开口说话之前，爱玛就主动把自己的错误说了出来。导火索点燃了，老板非常愤怒地斥责了爱玛一顿，并告诉她必须受到应有的惩罚。爱玛没有解释什么，只是一个劲地称这是自己的失职。这时，老板的脾气显然没有刚才那么大了，而是若有所思地说："这件事也许不应该全怪你，毕竟那些粗心的会计也脱不了干系。""不，老板，这一切都是我的错，和别人没有任何关系。"爱玛依然把责任全都往自己身上揽。老板开始为爱玛找各种理由开脱，但爱玛却坚持认为这是自己的错。最后，老板对爱玛说："好吧，我承认这是你的错，不过我相信你一定不会再犯同样的错误了！"从那之后，老板对爱玛越来越器重。后来，爱玛成为了这家公司高层领导中的一员。

我无意再去重复那些空洞的话来告诉各位女士，勇于承认自己的错误是一件很重要的事情。事实上，我只想通过事实来告诉女士们，如果你一味地为自己犯下的过错辩解将会给你带来多大的麻烦。

玛丽在一家食品商店里做推销员，虽然她刚入行不久，但工作起来却很勤奋，所以受到了大家的一致好评。本来，玛丽完全可以凭借自己的努力打出一片天下来，然而一件事的发生却毁灭了她所有的梦想。

这天晚上，当玛丽清算今天自己推销出多少商品的时候突然发现，有一种商品的售价应该是 30 美元，竟然被自己以 20 美元的价格卖给了顾客。虽然只不过使商店损失了 10 美元，但这毕竟也是一次工作事故。同事们都劝玛丽，让她主动去找老板承认错误，并且自己拿出 10 美元来补贴公司的损失，毕竟这不是什么大数目。可是，玛丽坚持认为，自己之所以会犯这样的错误，完全是因为别人没有把标签贴清楚，她没有必要为了别人犯下的错误而受到惩罚。

正当大家劝说玛丽的时候，老板派人把玛丽叫到了自己的办公室。玛丽进门之后，还没等老板开口就说："这件事和我一点关系都没有，我没有犯错，这是别人造成的。"

老板看了看他，有些不高兴地说："这难道是我的错？玛丽，只是 10 美元而已，我是不会深究你的责任的。"

"哦！天，我难道很在乎这 10 美元吗？你不知道我为咱们店贡献了多少吗？我不觉得我有什么错，这完全是因为他人的疏忽。现在，我请你不要把所有的责任都推到我的身上好不好！"

老板看了看她，摇了摇头说："玛丽，应该说你的工作做得还是不错的！可是你这种对待错误的态度实在是让我很失望，我只能和你说对不起。"就在那天晚上，玛丽又一次回到失业人员的队伍中。

女士们，我想你们已经很清楚地认识到，当你犯下错误的时候，选择消极的躲避态度无疑是一种错上加错的做法。我有必要在这里奉劝女士们，你们只有正确地对待错误，才不会使错误成为你前进的障碍。应该说，如果你正确地对待了错误，那么错误就有可能变成你前进的推动器。

在我的培训班上，很多女士不止一次地问："卡耐基先生，事实上我对错误的认识也是相当深刻的，很多时候我也想承认错误。但很遗憾，似乎我没有那么大的勇气，也不知道该如何承认错误。"

我知道，她们所说的这一切其实不过是借口而已，真正让她们不愿意去承认错误的原因是自己的那份虚荣心和自尊心。这时，我总是先告诉她们："你们必须端正态度，认识到自己的错误。你们还要明白，犯了错误就要受到责备，这是很公平的事。你不要以为承认了错误是件很丢脸的事，事实上这样做会给你赢来更多的尊重。"我发现，当我说完这些话之后，那些女士往往都有一种如释重负的感觉。接下来，我又告诉了她们几种承认错误的方法。

承认错误的四种方法 >>>
·在别人面前直接道歉；
·给对方写一封诚恳的道歉信；
·让别人替你转达歉意；
·用实际行动表达你的歉意。

女士们，请相信我，如果你真的能够做到坦然地承认自己的错误，那么你一定会成为最受欢迎的女士。

▎宽容别人是对自己的解救

有一次，我到华盛顿拜访我的朋友罗宾，他是一位有名的心理医生。吃晚饭的时候，罗宾给我讲了一个他亲身经历的故事：

几年前，罗宾在一次名为"拯救灵魂"的公益活动中认识了59岁的伊丽莎白女士。当时，这位女士看起来并不开心，而且罗宾能看得出来，这位女士看那些失足孩子的眼神里并没有慈爱，而是充满了憎恨。罗宾走上前来和她打招呼，并问她是否需要什么帮助。

伊丽莎白女士看了看罗宾，又看了看那些孩子，恶狠狠地说："他们都是凶手，杀人犯！"

事后，罗宾了解到，原来伊丽莎白曾经有一个儿子小乔治。可是很不幸，就在小乔治 15 岁那年，因为一个特殊的意外，被一群社会上游荡的坏孩子乱刀砍死。从那以后，伊丽莎白女士的心中充满了仇恨。每当在街上看到那些行为不端的不良少年时，她都有一种冲过去杀死他们的冲动，而且这种冲动越来越强烈。

罗宾知道事情的缘由之后，决定帮助伊丽莎白女士摆脱这种痛苦的折磨。他找到伊丽莎白，对她说："夫人，您的经历我都已经听说了，但仇恨是解决不了任何问题的。事实上，这些误入歧途的孩子才是最可怜的，因为他们的父母很早就把他们抛弃，而社会也没有给他们足够的尊重。应该说，他们从出生的那天起，就不知道温情是什么滋味。"

伊丽莎白女士显然不愿意接受罗宾的话，气愤地说："那又怎么样？关我什么事？我只知道，他们夺走了我的小乔治。"

"那只是个意外而已，女士，你为什么放不下这些怨恨呢？"罗宾平静地说，"我可以向你保证，如果你能够以宽容的态度对待那些孩子的话，说不定你的小乔治就能够回来了。"

罗宾讲到这儿的时候，我已经有些迫不及待，因为我急于知道伊丽莎白女士是否从痛苦中走了出来。罗宾告诉我，那位女士做到了。她尝试着参加了"拯救灵魂"团体，并且每个月都会抽出两天时间去离她家不远的一家少年犯罪中心，与那些她曾经深恶痛绝的孩子们进行零距离的接触。开始的时候，伊丽莎白女士还有些不自然，但是过了一段时间，她发现原来这些孩子真的有她以前不知道的一面。这些孩子在内心十分渴望得到别人的爱，有的甚至于只希望能够深情地呼喊一声"妈妈"。伊丽莎白女士终于融入了这个团体，并像其他人一样认领了两个孩子。她每个月都会去看望这两个孩子，而且每次总是给他们带去她亲手制作的美味食品。当那两个孩子从犯罪中心走出去的时候，伊丽莎白又认下了两个新的孩子。这种做法一直持续了很多年。

就在前几天，伊丽莎白女士离开了人世，临终前她握着罗宾的手说："我已经没有什么遗憾了，因为我从来没有如此的幸福过。我真的不能想到，我用我的爱心宽容地对待了那些孩子，而他们给了我一直渴求的天伦之乐。我拯救了他们，也解救了我自己。"

这件事对我的触动很深，因为我看到了人类最伟大的美德——宽容的力量。女士们，你们也一定都会为伊丽莎白女士感到高兴，因为她在自己生命中的最后几年，以宽容的态度将自己从失去儿子的痛苦中解救出来。不过，我很遗憾地说，女士们虽然会为伊丽莎白女士解救自己的做法感到高兴，但似乎并没有要解救自己的意思。

我的这一说法并不是凭空捏造的，因为在我的培训班上，很多女士都不能以宽容的态度对待别人犯下的错误。那些女士们曾经向我诉苦说，她们越来越感觉这个世界没有温暖，因为她们原来的朋友变成了自己的敌人，而那些与自己素不相识的人也会伤害到自己。她们告诉我，她们觉得生命对她们来说只不过是一个时间概念，因为她们没有朋友，所以根本体会不到生命的乐趣。

每当这个时候，我都会给她们讲伊丽莎白女士的故事，告诫她们应该以宽容的态度对待别人。那样，她们就会给自己赢得很多人的爱戴，同时也会使自己得到解救。事实上，在告诫女士们的同时，我也时刻提醒自己应该宽容地对待别人。这真的给了我很大帮助，还曾经帮我把一份仇恨变成了友谊。

那时候我还在电台主持节目，有一次我谈论起有关《小妇人》的作者露易莎·梅·阿尔科特的事情。坦白地说，我很清楚地知道她的确是生长在马萨诸塞的康考德。不过，由于我的粗心，我居然说出我曾经到过纽韩赛的康考德去拜访这位作家的故乡。这显然是个地理上的错误，但如果我只说了一次或许还是可以原谅的，遗憾的是，我居然说了两次。这下我可闯了大祸，信函、电报、激烈的言词、愤怒的言语乃至于侮辱性的文字就像洪水一样向我涌来。其中，有一位生长在康考德的老太太，她对我说错她故乡位置的做法大为恼火，说了很多让人难以接受的话。当时，我真的很气愤，因为我觉得她就像是纽格尼的食人魔。当看到她那份愤怒的信时，我居然对自己说："感谢上帝，这样的女子不是我的妻子。"然后，我打算写一封回敬信，告诉这位老太太，虽然我自己犯了一个地理上的错误，但是她在礼仪上犯了一个更大的错误。然而，正当我想要写下这封言辞激烈的信时，我突然想到了伊丽莎白女士。我告诫自己，必须克制住我的情绪。我应该宽容地对待她的做法，应该想办法把仇恨变成友谊。

后来，我特意给她打了一个电话。在电话里，我坦诚地承认了自己的错误，并真心地希望能够得到她的谅解。而那位怒气冲冲的老太太也不再说出那些让人难以接受的话，她对我的认错态度表示非常满意，而且也承认她的信的确有很多地方用词不当。最后，她也真心地希望能够得到我的原谅，并表示希望和我取得长期的联系。

从那以后，我更加坚信了自己的想法，不管在什么时候，不管别人犯下什么样的错，我都会让自己以宽容的态度对待。女士们，如果你从现在起真的能够做到宽容地对待别人，那么你也就真的开始了成功的第一步，因为你马上就会变成最受欢迎的人了。

事实上，这种宽容的态度就是人际关系的润滑剂，人与人之间友谊的桥梁。女士们可能会认为，宽容是对别人而言的，因为那样的话别人可以不接受错误的惩罚，也可以不接受良心的谴责。但是，我却要告诉各位女士们，宽容最大的受益者实际上是你们，而并不是别人。这点不是我说的，是我的朋友威玛女士说的。

威玛是美国最早的音乐经理人之一，她与那些世界上一流的音乐家们打了很多年的交道。我对威玛的成功非常感兴趣，因为谁都知道，那些音乐家的脾气往往都很古怪、任性、刻薄，总是会有意无意地给你制造出这样或是那样的麻烦。

"戴尔，你太紧张了！事实上我一直把他们当孩子看。"面对我的提问，威玛笑呵呵地说："他们经常会做出很多恶作剧，甚至有的人还会撒娇。我也必须承认，他们有些时候真的有些过分，因为他们伤害到了我。"

"那你是怎么应对这一切的呢？"我最感兴趣的还是她处理问题的方法。

威玛有些神秘地说："其实很简单，这里有一个秘诀。我从来不把他们当敌人看，我对他们犯下的一切错误都很宽容。是的，宽容就是我的唯一秘诀，我也是宽容最大的受益者。"说完之后，威玛爽朗地笑了几声，然后给我讲了一个很有趣的故事。

有一段时间，威玛女士担任了一位最伟大的男高音歌唱家的经纪人。这位歌唱家的声音可以震动整个首都大戏院里所有的高贵观众。可是，这位伟大的音乐艺人却是一个脾气暴躁、爱耍性子的人。

在威玛之前，很多人都因为和他脾气不和而宣布退出。

这天，威玛敲开了歌唱家的门，问他是否已经准备好了今天晚上的演出。只见这位歌唱家皱着眉头说："对不起，我的威玛，我嗓子现在真的很不舒服，我觉得今天晚上的演出有可能取消。"

"是吗？那简直太不幸了，我的朋友！看来我只能取消这次演出。"威玛平静地说。

歌唱家有些不相信自己的耳朵，问道："你说什么？我简直不敢相信你在说什么。"

威玛说道："我是说对这件事我感到很遗憾。当然，这次您可能只是损失一些金钱，但我认为这和您的声誉比起来，简直不值一提。"

歌唱家若有所思地说："哦！你最好下午五点钟左右再来，因为那时候我可能会好一些。"

事实上，那天的音乐会如期举行了，而且歌唱家发挥得还非常好。后来，歌唱家对威玛说："我真的不能想像你会如此地宽容我的任性和固执。谁都能看得出，我当时完全是装出来的。以前，那些经纪人对我的这种做法很不满意，他们总是对我大喊大叫，大发脾气，认为我不能体谅他们。而你，威玛，不但没有发脾气，反而发自内心的关心我，这一点我太感动了。即使我真的嗓子不舒服，我也一定会坚持在舞台上表演。"

女士们，我相信你们都是最优秀的，也是最善良的，因为这是上帝赐予你们的独特魅力。我相信，女士们在面对一些人的错误时，哪怕是一件非常严重的错误，你们也一定会以宽容的态度对待。因为这是女性的美德，也是女性获得别人的喜爱，将自己从痛苦中解救出来的最好方法。

第二章

人在旅途，温暖地找乐儿

快乐就是健康，忧郁就是疾病。

——［美］马克·吐温

▌健康女人，平安快乐

我猜想，很多女士在看到这一章题目的时候都会觉得奇怪："怎么？卡耐基决定改行了吗？他怎么想起要写一篇有关女人日常保健的书呢？"事实并不是女士们想的那样。如果女士们确实患上了身体上的疾病，那么最好的解决办法就是去医院看医生而不是在这里读我这本书。如果女士们是因为忧虑而使自己失去健康的话，那么这一章对你们就非常有用了。

阿里科谢·卡若厄博士是诺贝尔医学奖获得者，他曾经说过："一个商人如果不懂得如何抗拒忧虑，那么他一定会早死很多年。"我对他的这种说法有些异议，因为在我看来，不只是商人，家庭主妇、职业妇女等都是一样的。我并不是凭空捏造的，因为有事实可以证明我的说法。

那一年，我到新德克萨斯州度假，在火车上遇到了多年不见的老朋友德贝尔博士。如今，他已经是一家大医院的主要负责人了。当我谈起忧虑对人的影响时，德贝尔是这样说的："你说得很对，戴尔！我是医生，最清楚是什么原因导致人们患病了。事实上，在我接触的所有病人中，有三分之二的病人只需要抗拒忧虑和恐惧就可以战胜疾病。我不是说他们没有病，他们有病，而且非常严重。不过，我在叙述时必须在那些病人所患的诸如胃溃疡、心脏病、失眠、头疼等疾病的前面加上'神经性'这个词。你知道吗？对疾病的恐惧会使你无比的忧虑，而忧虑又使你感到紧张，接着又影响你的胃部神经，然后你就得了胃溃疡。"

是的，不光是德贝尔博士这么认为，约瑟夫·蒙达德博士也在他的《神经性胃病》这本书中写道："并不是因为你吃了什么东西才导致你产生胃溃疡，实际上真正的病因是你在发愁什么事情。"

女士们，你们明白我所说的意思吗？忧虑才是产生很多疾病的罪魁祸首。有关专家曾经指出：心脏病、高血压以及消化系统溃疡这三种疾病在很大程度上说都是由于忧虑的情绪所引起的。很多女士有上进心，或是说成野心，她们希望自己成功，或是希望在自己的帮助下使丈夫获得成功，这些想法本来都无可厚非。然而，她们对成功的渴望太强烈了，每天都让自己生活在忧虑之中。我真的不明白，即使你成为了全世界的女王那又代表什么呢？我想你不过是要每天吃三顿饭，然后晚上睡在一张床上而已。我姑妈是个普通的农妇，没有人知道她，可她却活到了88岁。

女士们，我可以保证，在此之前，你们绝对没有认识到忧虑对健康的真正损害。著名的精神学专家梅奥兄弟对外宣称，在他们治疗的病人中，有绝大部分人的精神是非常正常的。他们所谓的精神疾病其实是悲观的情绪以及那些烦躁、忧虑、恐惧等。

在2300多年前，所有的医生都没有意识到人的精神和肉体是统一的，应该合并治疗。如今，很多人已经发现了这一真理，并且开设了一门新的学科——心理生理学。的确，这门学科诞生得正是时候。因为长时间以来，人类已经消灭了很多由细菌引起的可怕疾病，比如天花、霍乱和各种传染病。可是，我不得不遗憾地说，时至今日，人们还没有能力有效地治疗那些由忧虑引起的疾病，而且这种疾病给人类带来的灾难正在日益壮大。

曾经有医生说，在二战期间，美国每六个妇女中就有一个人患有精神失常。天啊！是什么原因导致这种事情的发生！虽然到现在也没有人能准确地说出原因，但我认为很有可能是由于对现实的恐慌和忧虑造成的。当人们不能适应现实时，她们就会选择逃避，让自己生活在脑海中的世界里。

在我动手写这篇文章的时候，我书桌右上角就放着《不再忧虑，拥有健康》这本书，书中对忧虑的危害有很精辟地阐述。在这里，我把这些观点转达给各位女士。

忧虑对健康的危害 >>>

·对你的心脏产生很坏的影响；

·可能产生高血压；

·会让你患上风湿病；

·小心胃溃疡；

·感冒也和忧虑有关；

·甲状腺同样害怕忧虑；

·糖尿病人都很忧虑。

最后，我打算把上面的观点进行一下总结，那就是忧虑很可能要了你的命。女士们不必认为我是在夸大其谈，因为在我家对面的一栋房子里住着一位因忧虑而患上糖尿病的老妇人。那一年，她所购买的股票全都大跌，结果她也再没有起来过。

很多女士一定不会相信忧虑的情绪会和关节炎有关，可事实上这却是真的。美国康奈尔大学的罗斯·萨斯尔博士是治疗关节炎的权威人士，他曾经说过："如果一个人的婚姻生活很不好，那么他就有可能患上关节炎；如果一个人经济上出现了问题，那么他也容易得关节炎；如果一个人长期感到寂寞、孤独、忧虑或是愤怒，那么他得关节炎的几率将是普通人的几十倍。"

罗斯·萨斯尔博士并没有骗我们。我妻子有一个朋友，身体一直都很健康。经济大萧条时期，她丈夫失去了工作，整个家庭都陷入了经济危机。祸不单行，煤气公司因为她家不交煤气费而切断了煤气，而银行也把他作为抵押用的房子没收。这位太太受不了这种突如其来的打击，一下子就患上了关节炎。在那段时间里，尽管她尝试了各种手段，但都不见效。最后，直到大萧条结束，家里的经济改善之后才算完全康复。

还有一点我必须要告诉女士们，那就是忧虑会摧毁你们最看重的资本——年轻美丽的容貌。我曾经拜访过著名女星莫勒·阿巴鄂，她对我说她从来不会感到忧虑。这并不是说她每天都可以生活得无忧无虑，而是因为她十分害怕忧虑会毁掉她最重要的资本——美丽的容貌。她对我说："在我刚踏入影视圈的时候，每天都生活在忧虑之中。我害怕极了，因为我是只身一人来到伦敦的，在这里我一个朋友都没有。可是我需要生活，因此必须要找一份工作来养活自己。我和几个制片人谈过，但他们却都不打算起用我。那段生活真的很悲惨，因为忧虑和饥饿同时困扰着我。有一天，当我透过镜子看我自己时，发现忧虑已经开始摧毁我的容貌了。我看到了忧虑的皱纹，于是我告诫自己，从此以后再也不会让自己忧虑，因为那会毁掉我的容貌。"

的确，恐怕没有哪一件武器比忧虑对女人容貌的杀伤力更大。忧虑会让你整天愁眉苦脸，会让你终日咬紧牙关，会让你的头发早日变白，更会让你的脸上长满皱纹。

在美国，心脏病已经成为威胁人类健康的头号杀手。第二次世界大战期间，美国大约有30多万人死于战场，却有200多万人死于心脏病。在这200多万人中，又有将近一半的人是由于忧虑而引发心脏病的。是的，如果不是这种原因，阿里科谢·卡若厄也不会说出那句话。

东方的中国人和生活在南方的美国黑人很少患有这种因忧虑而引起的心脏病，这是因为他们的传统文化告诉他们遇事一定要沉着冷静。有人做过统计，每年死于心脏病的医生要比农民多出二十几倍，这是因为医生总是过着很紧张的生活。

很多人都认为全世界每年都会有很多人被可怕的传染病夺去生命，然而实际上每年死于自杀的人数要远远高于死于传染病的人数。造成这一可怕现象的根本原因就是忧虑。

在古代，如果一个将军想要让他的俘虏得到最残酷的惩罚时，总是会把他们的手和脚全都捆起来，然后在他们的头顶上放一个不断滴水的袋子。水滴并没有杀伤力，它只不过是一滴一滴默默地向下落。开始的时候，那些水滴的声音还很小，但是几个昼夜之后，那些声音已经大得像是木槌敲击地面了。俘虏们受不了了，他们精神失常了，这的确是比死亡还要可怕的一件事。

忧虑就是那一滴滴的水珠，它不停地向下落着，慢慢地折磨着你的心灵，最后让你精神失常而选择自杀。

在我还是个孩子的时候，每个礼拜天都会到教堂去听牧师讲道。当牧师给我们讲述可怕的地狱时，我简直吓得半死。我知道牧师这么做是为了让我们有一种恐惧感，好让我们这些孩子长大之后不去做一些邪恶的事。然而，善良的牧师却忽略了很重要的一点，那就是他从来没和孩子们说过，我们因为恐惧地狱所产生的忧虑要远比那无情的大火更可怕。举个简单的例子，如果你总是生活在地狱之火的忧虑中，那么你迟早会有一天患上最可怕的疾病——狭心症。

这种疾病太可怕了，它所带来痛苦要远比地狱之火强大得多。每当它发作的时候，你会在心底无助地呼喊："万能的主啊！伟大的上帝啊！帮帮我吧，我实在受不了了。如果能够让我摆脱这种病痛的折磨，那我以后绝对不会再为任何事情感到忧虑了，而且是永久性的。"

对不起，也许我在写这篇文章的时候犯了一个很严重的错误，因为我把忧虑说得太可怕了，这很有可能让女士们因此而产生新的忧虑。不过，我说的这一切都是真的，而且我也从心底希望女士们能够健康长寿。女士们，要想获得健康的身体并不是很难，因为你只要保持住一颗平常心就一定不会患上忧虑症。不要担心你做不到，因为只要是一个正常的人都可以做到，而且是绝对可以做到。事实上，我们每个人都比想象中的那个自我坚强得多，有很多潜力是我们所不知道的。

我相信，女士只要拥有了克服忧虑的信心，就一定会让自己生活得快乐无忧，而那时你们也将会有一个健康的身体。

让真爱与你同行

我想，每一位女士都梦想着获得真爱，不管她的身份是普通的女孩、家庭主妇、妻子或是母亲。的确，真爱是世界上最美妙的东西，正是因为它的存在，才使得人类社会充满了温暖。从古至今，爱一直都是永恒的话题，但同时也是一个最不易弄明白的话题。大多数女士虽然渴望真爱，但却并不能体会到爱的真谛。她们往往是简单地从性和家庭的角度去理解，并且将爱与占有、姑息、纵容和依赖等混淆在一起。

著名的婚姻关系研究学者迪罗·卡克博士曾在他的著作《如何找到真正的自我》中写道："判断一个人是否具备了完善的人格，其标志就是看他是否已经拥有付出以及接受成熟的爱的能力。"卡克博士这句话的潜在意思就是说，实际上很多人并不知道爱的真谛，大多数对爱的理解是很幼稚的。那么，究竟什么是真爱呢？

美国婚姻协会前任主席达波拉·迪图博士曾经在接受采访时说："大多数人在向他人表达爱的时候，往往是传达这样的信息，比如我想要、我想得到、我能从什么中得到满足、我可以利用或是我为此感到羞耻。比如，一个男人对女士说：'我爱你！'而他的潜在意思就是说：'我想要你！'这些爱是很多学者宣扬的，然而却是最典型的假爱。

"真正的爱，也就是成熟的爱应该就像耶稣所说的'爱别人就像爱自己'那样。不管这种爱是夫妻之间的也好，是父母与孩子之间的也罢，更或是某个人与他人和社会之间的，总之爱的要素就应该是一成不变的。"

女士们，你们必须把握住一个原则，那就是真爱是伟大的，绝不会阻碍任何人的成长，因为它最根本的作用是鼓励他人的成长。我曾经拜访过一对老夫妻，他们对女儿的做法感到非常的不满。原来，女儿在上大学的时候结识了一名外乡男子，并在毕业后和他结了婚。父母对女儿的这种做法非常不理解，因为他们不明白为什么女儿要选择去那么遥远的地方组建新的家庭。

　　那位母亲曾经和我说："天啊，她长大了，已经不再听我们的劝告了。难道在我们本地就没有好男孩了吗？如果她不走那么远，那么我们就可以经常看见她。为什么她就不能理解一个做母亲的心呢？"

　　相信，如果你敢在这位母亲面前说，她并不爱她的女儿的话，那你一定会遭到一番激烈的反击。然而，事实上，这位母亲对女儿确实不能算真正意义上的爱。因为她要求女儿理解她，但并不去要求自己理解女儿，也就是说她把自己对女儿的占有欲看成了对女儿的爱。

　　女士们，你们必须明白，如果你真正爱一个人，那么就不要紧紧抓住他不放，而是应该让他自由地飞翔。懂得爱的真谛的人是不会想把任何人变成自己感情的傀儡的。他们希望爱的人自由，就像他们希望自己获得自由一样。我要告诉女士们的是，爱是与自由并存的。

　　著名作家普罗茜·罗伯斯夫人曾经在一家杂志上发表过这样一篇文章，上面写道："爱是什么？它就是一个人毫不吝惜地给予所爱的人需要的东西。这种给予是为了别人而并非自己。爱包括给恋人的自由、给孩子的独立，虽然它与性有着密不可分的关系，但却永远不会在丧失理智地追求爱的过程中被性利用。不管你是什么身份，也不管你什么职业，如果别人需要面包时你给的不是鹅卵石，别人需要同情时你给的不是面包，那么你就真正理解了什么叫爱。很多人都犯下了一个愚蠢的错误，那就是喜欢硬塞给别人一些他们并不是想要的东西。这种做法非但不会让对方体会到爱，反而会让对方觉得这是一种含有敌意的做法。我相信，任何一位心理学家也不会把这种做法与真爱混为一谈的。"

的确，女士们，那些婚姻悲剧、家庭悲剧的产生，很大一部分都是因为人们不懂得爱的真谛。对于一段婚姻来说，最可怕的、杀伤力最强的武器莫过于嫉妒的爱。很多人都把嫉妒和爱混为一谈，但实际上嫉妒是一种个人对本身能力的不自信，并在占有欲的指导下逐渐膨胀的结果。几年前，我的培训班上曾经有过一位被嫉妒蒙住眼睛的女士，不过幸好她后来幡然醒悟。

卡伊女士已经和她的丈夫结婚十年了，但最近一段时间她却总是生活在恐惧之中。原来，她已经将自己陷入了嫉妒之中，内心十分害怕有一天会失去丈夫。虽然她的丈夫并没有给她任何理由，但她还是忍不住感到恐惧。在那段时间里，卡伊女士做出了很多让人难以理解的事情，比如她会去悄悄地翻遍丈夫的每一个口袋，会到汽车里查看烟灰缸里的东西。白天的时候她的心中产生了各种各样的疑心，而一到晚上则被恐惧感折磨得无法入睡。

一天早上，卡伊女士在照镜子的时候突然发现，镜子里的那个女人太憔悴了，脸上没有一丝生气，面容也消瘦了许多，而这个女人穿的衣服看起来就像是那种装扫帚的大袋子。卡伊女士再也受不了了，对自己说："天啊，这就是你吗？你一直都在害怕失去你的丈夫，可你现在的状况正是在给他创造理由。现在，你必须想办法解决。"于是，卡伊女士开始实施自己新的计划。

从那天起，卡伊女士开始注意自己的外形。她每天下午都会休息一会儿，并且想办法让自己的体重增加了一些。接着，她又到美容院学习了一段时间，让自己知道如何化妆。慢慢地，卡伊女士觉得自己发生了变化，认为自己已经变得比以前好看多了，而这时她的态度也发生了改变。她丈夫似乎也发现了妻子的这种变化，并做出了良好的反应。这下，卡伊女士再也没有了任何疑心。当回忆起那段往事的时候，她说："当初我真是太愚蠢了，我为什么要把精力放在嫉妒上呢？现在我已经成为丈夫心目中最有魅力的妻子了。"

女士们，请你们牢记这一点，当一个女人真正理解到爱是肯定而不是命令时，那么就代表着她已经拥有了去爱的能力。

说完婚姻我们再来看家庭。对于家庭来说，很多时候我们经常会在不自觉的情况下以爱的名义来伤害别人。我们经常会听到父母说："我之所以这么严厉，完全是为了孩子好！"或是："我太爱他们了，为了让他们过得幸福，我愿意付出我的一切，甚至于溺爱也在所不惜。"这种爱是真爱吗？我们还是看一下若斯太太的例子吧。

几年前，若斯太太和她的丈夫离婚了。于是，她不得不面对自己照顾一个家庭和两个孩子的责任。虽然这对于一个女人来说未免困难一点，但若斯太太还是决定挑起重担，并且下决心一定要严厉地管教孩子，以便让他们成才。

若斯太太对我说："当时，我给我的两个孩子定下了很严厉的规矩。首先，我不接受任何形式的借口，更不会浪费时间去和他们商量什么或是听取他们的意见。我所要做的就是告诉他们该怎么做。

他们不可以独立思考，必须对我所制定的规则严格执行。"

我问若斯太太："那您的这种做法有效吗？"

若斯太太回答说："有效，非常有效，但这种效果不是正面的。我发现我们的家庭关系正在起着很微妙的变化。我的孩子们开始躲着我，不愿意和我交流，更不愿意对我示爱。最后我终于明白了，我的孩子怕我，怕我这个母亲。于是，我开始反思自己的做法。最后，我得出这样的结论：我对他们要求严格并不是一种爱的表现。相反，我在不自觉中将离婚后所产生的各种压力都转嫁到了他们身上。我不是为了孩子，是为了我自己。因为我是想让孩子们替我承担我犯下的各种过错。并不是那些孩子不能理解我，而是因为他们感觉到了我这种自私的做法。"

就这样，若斯女士开始改变自己当初的计划。她开始对孩子们和蔼起来，也不要求他们做这做那。她还会时不时地召开家庭会议，好听取一下孩子们的意见。她不再把所有的时间都安排在做家务上，而是抽出很多时间来陪孩子们。最后，孩子们从母亲身上体会到了真正的爱，整个家庭的环境和气氛也变得和睦多了。

是的，真爱的力量可以影响一个家庭，甚至还会影响到个人与整个社会的关系。著名的心理学家米阿德说过："一个人对朋友、工作、陌生人以及世界的态度，绝大多数是从家庭中学来的。如果一个孩子在家的时候能够得到真爱，那么他就一定会将这种真爱反馈给他的家人、朋友以及其他人。"因此，女士们必须要明白，爱并不仅限于家庭。实际上，只有我们发自真心地去爱别人，才能拥有从别人那里得到爱的力量。爱是最伟大的东西，可以让你对生活和世界充满热情，也会让你变得健康和长寿。

女士们，相信我的话，也相信爱的力量，只要你们做出努力，只要你们是发自内心，那么你们就一定可以做到让真爱与你们同行。

｜保持自我

　　很多女士都喜欢模仿别人，想让自己和别人一样。她们希望能够跟上潮流，或是让自己散发出明星般的魅力。然而，这种模仿似乎并没有给女士们带来成功或是快乐，相反会让她们感到焦虑、痛苦，而且这种焦虑、痛苦是和失败联系在一起的。

　　我承认，对成功和快乐的渴望是女士们模仿别人的出发点，但事实已经证明这是一种很不明智的做法。当任何一位因为模仿别人而苦恼的女士向我寻求帮助时，我总是会告诉她们相同的一句话："做你自己，那是最快乐的，也是最好的。"

　　有一次，我到一位朋友家做客，正好他的邻居爱迪丝太太也在。这位体型有些胖而且长得并不算漂亮的爱迪丝太太给我留下的第一印象是活泼、开朗、快乐。我们之间很快就没有了陌生人初次见面的那种陌生感，彼此都给对方留下了很好的印象。爱迪丝太太很健谈，尤其喜欢给我们讲述一些她年轻时候的事。让我大吃一惊的是，就在几年前，爱迪丝太太还每天都生活在不开心和忧虑之中。

　　爱迪丝太太告诉我，她以前是个很敏感而且很羞怯的小女孩。那个时候她就已经很胖了，而且两颊还很丰满，这样使她看起来更加胖。她的母亲是个非常古板的农村妇女，在她看来，女人最愚蠢的做法就是穿太漂亮的衣服。同时，爱迪丝的母亲还不赞成穿紧身衣，因为她认为衣服太合身的话很容易撑破，还是做得肥大一点好。这位母亲不光自己这样打扮，而且还要求她的女儿爱迪丝也这样打扮。说实话，这让爱迪丝十分苦恼，但却又无可奈何。她不敢参加任何形式的聚会，也没有任何开心的事。在那时，她把自己当成怪物，因为她和别人不一样。

后来，爱迪丝太太嫁给了阿尔雷德先生。为了能够融入这个新家庭，爱迪丝太太开始模仿身边的人，包括她的丈夫和婆婆，但这一切却总是不能如愿。她不是没有努力过，但每次尝试的结果都是适得其反，甚至将她推向更糟的境地。渐渐地，爱迪丝太太变得越来越紧张，而且很容易发怒。她不愿意接见任何朋友，也不想和任何人说话。她意识到，自己是彻底地失败了。

爱迪丝太太整天提心吊胆，因为她害怕有一天自己的丈夫会发现事情的真相。她非常努力地装出快乐的样子，甚至有时候过了头。最后，爱迪丝太太实在不能忍受这种折磨了，她甚至想到用自杀来结束这种痛苦。

我对爱迪丝太太讲的故事非常感兴趣，追问道："爱迪丝太太，我现在更想知道您是怎么改变自己，变成现在这个样子的？"

爱迪丝太太笑了笑说："改变自己？没有，根本没有。事实上，现在的我才是真正的我。我必须要感谢我的婆婆，是她的一句话让我有了今天的快乐。"原来，有一天，爱迪丝的婆婆与她谈论该如何教育子女时说："我觉得我是一个成功的母亲，因为我知道，不管发生什么事，我都要我的孩子们保持他们的自我本色。"天啊，婆婆的一句话就像一道灵光一样闪过爱迪丝的头脑，她终于知道了自己不开心、不快乐的根源。从那天起，爱迪丝开始按照自己的意愿穿衣打扮，也开始按照自己的兴趣参加了一些团体。慢慢地，爱迪丝的朋友多了起来，她自己也变得越来越快乐。

我清楚地记得当时我给爱迪丝太太精彩的"演说"鼓了掌，而且称赞她是我所见过的最有魅力的女性。爱迪丝太太有些不好意思地说："其实没什么，这就是我。"

女士们，你们必须要牢记一点，保持自我是一项相当重要的事情。如果你做不到，那么你永远都不可能成为一个快乐的女性，因为你总是活在别人的影子里。

我的朋友基尔凯医生曾经跟我说："保持自我这个问题几乎和人类的历史一样久远了，这是所有人的问题。"事实上，大多数精神、神经以及心理方面有问题的女性，其潜在的致病原因往往都是不能保持自我。

我曾经和好莱坞著名导演山姆·伍德进行过一次谈话。他告诉我，现在年轻女士太没有自我了，在好莱坞，青年女演员去模仿他人的现象是相当严重的。伍德说："她们都想成为一个二流的拉娜·特勒斯，却并不想成为一个一流的自己。实际上，这种做法让观众不好受，也让那些姑娘们自己痛苦。"

我非常同意伍德的这些话，因为我知道一个这样的例子。

一名公车驾驶员有一个梦想成为歌星的女儿。但是，上帝并不怎么眷顾这个女孩，因为她长得很一般，而且嘴巴很大，还长有暴牙。当她第一次来到纽约一家夜总会唱歌的时候，她为自己的暴牙感到羞耻，几次想要用上嘴唇遮住它。这个女孩希望通过这种遮掩来使自己显得更加高贵，但却反倒把自己弄成了四不像。如果她照这样下去，失败是肯定的。

不过上帝给了这个女孩一次机会，那天晚上有一位男士非常欣赏她的歌，但他也直言不讳地指出了女孩的缺点。男士说："我非常欣赏你的表演，但我知道你一直想要掩饰什么东西。我不妨直说，你一定认为你的牙非常难看。"女孩听到这儿的时候已经非常尴尬了，但那个人丝毫没有停下来的意思，而是继续说："暴牙怎么样？那不是犯罪的行为。你不应该去掩饰它，或者你根本就不应该去想它。你越是不在乎它，观众就越爱你。另外，这些让你认为是羞耻的暴牙说不定哪一天会变成你的财富。"

　　女孩接受了她的意见，真的不再去考虑她的暴牙。后来，这个女孩终于成为了家喻户晓的明星，她就是凯丝·达莱。

　　有人做过专门的研究，其实我们每个人都具备成为伟人的潜质。之所以没有成为伟人，是因为我们不过只用了10%的心智能力，而剩下那90%却一直不为我们知道。这其中最主要的原因就是人们不能保持自我，正确地认识自我，从而发挥自己的潜能。

　　女士们，你们是否还在为不能惟妙惟肖地模仿别人而感到痛苦呢？我真诚地奉劝你们，保持自我才是让你快乐的最好方法，也是让你获得成功的最好选择。我非常有资格谈论这个话题，因为我也曾经很愚蠢地去模仿他人。我清楚，我为我的模仿付出了惨重的代价。如果我能早一点发现这些，说不定我会比现在做得更好。

　　当我刚刚从密苏里州出来时，首先选择了纽约这个城市，那里有我向往的学校——美国戏剧学院，因为我一直都渴望自己能够成为一名优秀的演员，当然我相信很多女士都和我有一样的想法。我当时很喜欢自作聪明，因为我想出了一个很简单、很容易成功的愚蠢办法，那就是好好研究一下当时的几个著名演员，然后把他们的优点集中在我一个人身上。这大概是我这辈子做出的第二愚蠢的事了，因为还有一件事更加愚蠢。我花费了很多年去模仿别人，最后我发现我什么都不是，因为我根本成为不了别人。相反，我能做得最好的只有我自己。

那次经验真得很惨痛，我曾经下定决心以后再也不去模仿他人。可谁知，几年后，我居然又犯下了我这辈子做出的最愚蠢的事。当时我正计划写一本有关公众演说的书，于是我又冒出了那种想法。我找来了很多很多有关公众演说的书，因为我想吸取他们的精华，然后使我的书包罗万象。事实证明，我错了，这是一种不折不扣的傻瓜行径。我居然妄想把别人的想法写成自己的文章，这种东西没人会看。就这样，我一年的工作成绩全都变成了纸篓中的废纸。

女士们，请你们接受我的建议，然后真的开始改变自己。事实上，很多成功的女性都是因为保持了自我才取得骄人的成绩的。女士们一定对那位纽约市最红的、最炙手可热的女播音明星玛丽·马克布莱德非常崇拜。你们知道吗？当她第一次走上电台的时候，她也曾经试着模仿一位爱尔兰的播音明星，因为当时她很喜欢那位明星，而且很多人也非常喜欢那位明星。可是很遗憾，她的模仿失败了，因为她毕竟不是那位明星。

面对失败，玛丽·马克布莱德深深地反思了自己，最后她终于决定找回自己本来的面貌。她在话筒旁边告诉所有的听众，她，玛丽·马克布莱德，是一名来自密苏里州的乡村姑娘，愿意以她的淳朴、善良和真诚为大家送去快乐。结果怎样大家都看到了，她现在根本不需要去模仿别人，甚至还会有很多人去模仿她。

女士们，我希望你们永远记住，你，美丽的女士，是这个世界上唯一的、崭新的自我，你的确应该为此而高兴，因为没有人能够代替你。你应该把你的天赋利用起来，因为所有的艺术归根结底都是一种自我的体现。你所唱的歌、跳的舞、画的画等，一切都只能属于你自己。你的遗传基因、你的经验、你的环境等等一切都造就了一个个性的你。不管怎样，女士们，你们都应该好好管理自己这座小花园，都应该为自己的生命演奏一份最好的音乐。

如何保持自我 >>>

· 不要怕被嘲笑；

· 正确认识自己；

· 不去刻意模仿他人。

与人为善会使自己快乐

在动手写这本书之前，我曾经到西雅图去拜访了罗西·鲁伯博士。在没有见到她之前，我认为她现在一定过得很痛苦、颓废，因为她已经在床上瘫痪二十多年了。然而，当第一眼看到罗西博士时，我就意识到自己当初的想法简直太可笑了，事实上，她现在每天都过得很开心，也很充实，尽管她依然不能下床。

一阵寒暄之后，我问罗西博士，是什么样的动力使她能够如此快乐地面对人生。罗西笑着和我说："说实话，戴尔！如果你不是我最好的朋友，我真没有时间和你在这里做长时间的交谈。你想知道我为什么会如此乐观和快乐？很简单，那就是与人为善，帮助别人。"

原来，罗西在瘫痪以后并没有对生活失去信心，也没有被忧虑所困扰。她在心里始终都默念着威尔斯王子的那句话："我应该为别人提供帮助。"她让朋友帮她搜集了很多很多残疾病人的姓名和地址，然后分别给他们写信，鼓励他们勇敢面对生活，快乐面对现实。后来，罗西博士组织了一个残疾人俱乐部。在里面，大家经常互相写信，交流各自的感受。如今，这个残疾人俱乐部已经成为了一个国际性的组织，而罗西也是整个活动中最大的受益者，因为她得到了快乐。

女士们，你们是否每天都觉得生活是那样的枯燥乏味呢？你们是否从生活中找不到一丝的乐趣呢？你们应该向罗西博士学习，因为罗西博士与你们比起来要不幸得多，可是她却从与人为善、帮助别人中得到了很大的乐趣。

有一位非常有名的心理学家曾经和我说过："当我对我的病人进行治疗时，我总是会对告诉他们，不管在什么情况下，他们每天都应该找一个人作为目标，然后努力地使那个人得到快乐。我可以保证，他们绝对会在两周之后变得健康快乐。"

我非常同意这位心理学家的话，因为罗西博士和别人最大的区别就在于，她把与人为善，给与别人快乐看成是一种最大的快乐。事实上，罗西博士的想法和萧伯纳不谋而合。萧伯纳曾经说过："真正不快乐的人往往都是那些以自我为中心的人，因为他们总是在抱怨世界不能按照他的想法改变。"

各位女士，我在这里劝说你们与人为善，并不是为了别人考虑，实际上恰恰是为了女士们考虑。人生活在社会中，没有朋友应该说是最苦恼的一件事。然而，如果你能够与人为善，那么你就会为自己赢得很多的朋友，同时也会使你体会到生活的真正乐趣。

曾经有一位名叫莱斯的女士给我写信。在信中，她给我讲了一个真实感人的故事。现在，我决定把它讲给各位女士，希望你们能从中得到一点启发。

莱斯女士的命运是很悲惨的，因为在她还是个孩子的时候，父母就相继离开了她。后来，她被镇上的一对好心的夫妇收养了，并说只要她能够做到不说谎，不去偷窃，而且还能听话干活的话，那么她就可以一直留在这个家里。

这三句话深深地印在莱斯的心里，莱斯把它们当成了自己的圣经，并时刻告诫自己不管在什么时候都必须遵守它。可是，一切并不像小莱斯想象的那么简单，尽管她已经非常努力地去做了，但她还是摘不掉"小孤儿"的帽子。她开始上学后的第一个礼拜，情况简直是糟透了。班上的很多小朋友都不愿意和她玩，而且还经常取笑她难看的眼睛。更有一次，一个女孩居然把她头上的帽子抢过去，用水把它灌坏，而且还说之所以这么做是为了浇浇她的木头脑袋，让她能够清醒一点。

听到这儿的时候，我和莱斯女士开玩笑说："那你真应该和她们大吵一架。"莱斯也笑了笑，说："是的，卡耐基先生，以前我也是这么想的。可是收养我的那位夫人对我说，我不应该对他们怀有敌意，而是应该让他们成为我的朋友。她还告诉我，如果我与他们友善地交往，并且主动向他们提供帮助，那么我将会成为他们的朋友，而不再是小孤儿。"

莱斯女士真的那样做了。她开始帮助班上那些成绩差的同学，因为她的成绩是全班最好的。她帮助同学辅导功课，还帮他们写辩论稿。不光这样，莱斯女士还主动和身边的人交往，帮助邻居们砍柴、挤牛奶或是喂牲口。

后来，两位老人去世了，莱斯也到外地去上学。当她大学毕业后第一天到家的时候，居然有两百多位邻居过来看她，而且还有人是从 80 公里以外的地方赶来的。

我对莱斯女士说："你真快乐，莱斯！有那么多邻居发自真心地关心你，这让很多人羡慕不已。"莱斯十分自豪地说："是的，您说得很对。可是您不要忘记，这一切都是我自己争取来的。因为与人为善的是我，我给我的邻居们提供帮助，所以他们才会那么愿意和我做朋友。我真的很庆幸当初听了她的话，否则我不会像现在这么快乐。"

我不禁为莱斯女士高呼"万岁"，因为她不仅知道该如何交朋友，更知道如何才能让自己快乐。可是，很多女士却并不像莱斯女士那样明智。她们不愿意给别人提供帮助，更不知道与别人友善交往的重要性。不过，这些女士也为自己的行为付出了代价，因为她们不是一个快乐的人。因此，我认为有必要在这里和女士们交待清楚，与人为善究竟对我们个人有什么好处。

与人为善的好处 >>>

· 让你快乐地生活；

· 使你结交更多的朋友；

· 让你的敌人变成你的朋友；

· 让你的人际关系变得和谐、融洽；

·使你健康长寿。

女士们，你们现在应该对与人为善的魔力有所了解了吧！但是，我希望各位女士在看完前面两个例子之后，一定不要误把与人为善理解为同情和包容。实际上，与人为善是一种爱的表现，是一种高尚情操的表现。

萧伯纳有一次在大街上行走，突然间被一个骑自行车的年轻人撞倒在地。看得出，年轻人很慌张，因为他认识这位"声名显赫"的文学家。萧伯纳却幽默地和这位年轻人说："真不走运，本来你可以借这个机会出名的，只可惜你没有把我撞死。"年轻人不好意思地笑了，而刚才那种非常窘迫的表情也随之消失了。如果萧伯纳不能对这名年轻人无意的过失宽容的话，那么他的形象一定会在公众心中大打折扣。

女士们，当你想要获得快乐的时候，那么你首先要做的就是使你身边的人快乐，因为爱是相互的，也是可以传染的。这个道理，是我的朋友托尔·怀恩女士告诉我的。

怀恩曾经有一段时间真的很难过，整日都处于自怜和忧虑之中，因为她的丈夫已经离她而去。每当圣诞节要来临的时候，怀恩女士的心情都非常的糟糕，因为这使她更加思念和丈夫在一起的日子，以至于后来她开始惧怕圣诞节。

这一年的圣诞节，怀恩女士怀着痛苦的心情漫无目的地在街上走着。渐渐地，她来到了一处离城镇很远的小教堂，这是她以前没有来过的地方。怀恩女士有些累了，她走进了教堂，坐在教友椅上欣赏着一位手风琴手演奏的《平安夜》。也许是太累了，怀恩女士慢慢地睡着了。

当她醒来时，眼前出现了两位小姑娘。可以看得出，这两位小姑娘的家境并不怎么好，因为她们身上的衣服已经很旧了。怀恩走过去，问她们两个为什么没有和父母一起来。这两个小女孩告诉她，她们是孤儿，父母早就双亡了。这时，怀恩感到无比的惭愧，因为和这两位小女孩比起来，自己简直是生活在天堂里。怀恩带着她们看了圣诞树，而且还给她们买了很多糖果、零食以及各种小礼物。

怀恩告诉我，从那以后，她再也没有忧虑和痛苦过，因为她体会到了真正的快乐和幸福。这次经历告诉她，如果想使自己开心快乐，那么首先要做的就是让别人开心。

有些女士可能会认为我的话有些脱离实际，而且还太过理想化，如果能够遇到我刚才所说的那些事情的话，她们也能和那些人一样。可是我要和女士们说，不管你的生活多么单调，但你每天总是不可避免地与一些人交往。那么，你又是怎么对待他们的呢？我仅举一个例子，当你们从辛苦的邮差手上接过家人或是朋友寄给你的信或是照片的时候，你们是否会对邮差表示关心或问及他们的家人？我想，大多数女士们做不到这一点，因为她们并不认为杂货店售货员、擦鞋童或是送报生有什么重要性。可是我要和各位女士们说的是，这些人和你一样，都是一个完完整整的人。他们同样有着美好的梦想和崇高的理想。他们也渴望成功，渴望得到别人的关心，渴望和别人一起分享。可惜，你们没有给他们机会。女士们，请你们马上改变自己吧，就从你明早看到的第一个人开始。

女士们可能会问我："我为什么要这样做？这样做对我来说有什么好处？难道真的像你说的那样能够获得快乐的生活吗？"是的，女士们，这一点是毫无疑问的。亚里士多德把与人为善的处世方法称为"开化了的自私"。波斯拜火教的创始者，宗教学佳作罗斯特也说过："没有人要求你必须对别人好，它称不上是一种责任。然而，这种做法却是一种享受，它可以让你变得健康，也可以使你变得快乐。"美国的富兰克林也曾经说过："如果你想对自己好，那么你就首先对别人好。"

女士们，我希望你们每天都健康快乐，因此你们从现在这一刻起就应该做到与人为善。

▎做自己喜欢的事

艾瑞是一家公司的职员。一天，她回家的时候显得非常疲惫。是的，她太累了，感觉头疼、背疼、没有食欲，唯一想做的就是上床休息。母亲心疼艾瑞，一再劝说她还是吃一点。没办法，艾瑞只好坐在餐桌前，象征性地吃了几口。这时，餐厅里的电话突然响了起来，原来是艾瑞的男友邀请她去跳舞。再看看这时的艾瑞，完全变了一个人。她兴奋地冲上楼，穿上漂亮的衣服，飞一般地冲出门去，一直玩到凌晨3点才回家。她不但没有感到疲倦，反而是兴奋得睡不着觉。

女士们可能会问，究竟是什么原因让艾瑞在瞬间就产生了两种截然不同的表现呢？难道说之前艾瑞的疲倦是装出来的？当然不是。艾瑞对她的工作不感兴趣，产生了厌倦感，所以她感到非常的疲倦。然而对于男朋友的盛情邀请，艾瑞则是兴趣十足，所以她才会显得非常兴奋。因此，我们不妨下这样一个结论：引起疲劳的一个主要原因就是倦怠感。

事实上，在这个世界中有很多个艾瑞，也许你就是其中一员。与生理上的操劳相比，情绪上的态度更容易使人产生疲倦感。我并不是毫无根据地在这里乱下结论，早在几年前，著名的心理学家约瑟夫·巴莫克博士就已经通过实验证明了这一点。

博士找来了几个学生，让他们做了一系列枯燥无聊的实验。结果，学生们都觉得烦闷、想睡觉，有的还说自己感觉头疼、心神不宁，甚至胃不舒服。可能有些女士们会认为这些症状都是因为倦怠而想象出来的，事实并非如此。博士还给这些学生们做了新陈代谢检测，检测结果显示：在这些人感到厌倦的时候，体内的血压及氧的消耗量都有着明显的降低。同样，一份无趣的、缺乏吸引力的工作往往会促使代谢现象加速。

可能一个实验不能使女士们信服，但我是相信的，因为我曾经有过亲身经历。一年前，我独自一人到加拿大洛基山中的路易斯湖畔度假。为了能够钓鱼，我不惜穿过高高的灌木丛，跨过无数个倒在地上的横木，最后到达珊瑚湾。想象一下，8 小时的颠簸啊，这需要消耗多大的体力。然而，我却没有一丝的疲惫感。为什么？因为我在路上一直都在想："我马上就能钓到好几条肥美的大鳟鱼了！"正是这种兴奋的心情使得我不知疲倦。可是，如果我对钓鱼没有一点兴趣的话，那恐怕就会是另一种场景了。在一座海拔达 7000 英尺的地方来回奔走，这的确是一件累人的事情。

很多女士都把登山看成是一件非常消耗体力的事情，认为在所有体力劳动中这是最累人的。然而，储蓄银行的总裁基曼先生却对我说，其实登山一点都不累人，相反厌倦感才更容易使人劳累。

那是二战后的第 10 个年头，加拿大政府委派登山俱乐部提供一些指导人员，负责训练维尔斯亲王的森林警备队。当时，我们的基曼先生就是指导员之一，那时他已经有 50 多岁了，而其他指导人员的年龄也都在 40 岁以上。

艰苦的训练开始了，他们走过很多险峻的地方，整整进行了 15 个小时的登山活动。最后，那些年轻的队员们全都疲惫地坐在地上休息。

是不是真的因为体力不支而感到疲惫？难道我们的皇家警备队就如此不济吗？不，答案显然不是。这些人不喜欢爬山，早在一开始就有人吃不饱、睡不香，这才是导致疲劳的原因。再看看基曼先生和他的伙伴，他们都是"老家伙"了，体力比年轻人差得远，可是他们却没有筋疲力尽。他们有些兴奋，晚饭后还一直谈论着白天遇到的事情。事实上，因为他们喜欢爬山，所以才不会觉得累。

事后，基曼先生对我说："如果说是什么导致人们的工作能力降低，那么答案恐怕就只有厌倦。"

如果女士们不是一个体力劳动者，那么你们的工作更不可能让你觉得疲劳。实际上，那些已经完成的工作并不会使你疲劳，相反那些没有做的工作却始终困扰着你。比如，昨天你的工作老是被打断，很多事情都进展得非常不顺利的话，那么你一定会觉得所有的事都出了问题，因为你感觉这一天你没有做任何工作。这样，当回家的时候，你就感觉到自己已经身心疲惫到了极点。

到了第二天，办公室里的工作突然一下子变得顺利起来。于是，你完成了比昨天多几倍的工作，可是你回到家的时候依然神采飞扬、精力充沛。我相信很多女士都有过这种经历，我也有过。因此，我们可以断定，疲劳往往并不是因为工作而引起，实际上罪魁祸首是烦闷、不满和挫折。

那么究竟该怎么做才能克服这种厌倦感呢？其实很简单，那就是做自己喜欢做的事。只要你能在工作中体会到乐趣、成就感和满足感，那么你就不会感到疲劳了。很多女士会认为我的说法是一种理想主义，因为并不是所有人都能找到一份自己喜欢的工作。的确，很多工作都是枯燥乏味的，但这并不代表它不能给你带来乐趣。速记员大概是世界上最枯燥的工作了，然而有人却能从中体会到乐趣。

有位女速记员在一家石油公司工作。她每个月总有很多天要处理一些乏味无聊、令人厌烦的东西，比如填写租约的表格或是整理一下统计的资料。这些工作简直无聊头顶，因此她不得不想办法改变工作方式，以便使她有兴趣干活。于是，她把自己当成对手，每天都进行比赛。中午的时候她会记下上午填了多少表格，然后告诉自己下午一定要尽力赶上。下班前，她再把一天的工作量全都计算出来，然后敦促自己第二天一定要想办法超过它。结果，她比其他任何一个速记员做得都要快。

虽然这位女速记员没有得到老板的称赞，也没有加薪，但是她却从此不再感觉疲劳，而且这种方法也对她产生了鼓励作用。她采用巧妙的方法使原本枯燥的工作变得有趣，而且也使自己充满了活力，于是在那一段时间，她从工作中得到的是快乐与享受。

维莉小姐也是一位速记员，每天也做着枯燥乏味的工作。一天，一个部门的经理要求她把一封很长的信重打一遍，维莉当然极不情愿。她告诉那位经理，重打这封信是在浪费时间，因为只需要改几个错别字就可以了。然而那个经理也很固执，非要坚持自己的做法，并表示如果维莉不愿意做，那么他就会找别人做。无奈，维莉只好答应经理的要求，因为她不想让别人趁机取代了她的工作，而且这份工作本来就该她干。于是，维莉没有了怨言，就试着让自己喜欢这份工作。开始的时候，维莉很清楚自己是在假装喜欢自己的工作，然后过了一会儿她就发现，自己真的开始有点喜欢了。同时，她还发现，一旦自己喜欢上了这份工作，很快就使工作效率有了很大的提高。正是在这种心态的作用下，维莉总是能用很短的时间处理好自己的工作。后来，公司的老总把她调到自己的办公室做私人秘书，因为他看到维莉总是高高兴兴地去做额外的工作。

其实，维莉小姐的做法与著名的哲学家瓦斯格教授的"假装哲学"不谋而合。瓦斯格教授曾经说："如果我们每个人能够假装自己快乐，那么这种态度往往会让你变得真的快乐。这种做法可以减少你的疲劳、紧张和忧虑。"

著名的新闻分析家卡特本曾经在法国做推销员。当时，他这个不懂法语的外乡人必须在巴黎挨家挨户地推销那种老式的立体幻灯机。在别人看来，他的推销工作一定更加困难，至于说业绩，实在难以想象。然而，卡特本却在做推销员的那一年足足赚了5000法郎，是当时法国年薪最高的推销员之一。卡特本说，那一年的收获比他在哈佛读一年大学还要多。如今，他完全可以把国会的记录卖给一位巴黎妇女。

当然，在这其中卡特本付出了比常人多几倍的努力。然而，他之所以能够突破重重困难，就因为他一直有这样一个信念：我一定要让自己的工作很有趣。每天早上，他总会对着镜子说："卡特本，如果你想要生活的话就必须做这份工作，既然必须做，那么为什么不让自己快乐一点呢？当你敲开别人的大门时，何不把自己当成一名出色的演员，而你的顾客就是你的观众？你所做的一切就像是在舞台上表演，你应该把兴趣和热诚投入其中。"正是有这些话的不断鼓励，才使他原本讨厌的工作变成了有趣的探险，这的确让人有不小的收获。

在一次采访中，我问卡特本先生是否有什么话对青年人说。他想了想，说道："每天早上都不妨自言自语一番。我们需要的是精神，是智力上的活动。因此，每天都不妨给自己打打气，让自己充满信心。"

的确，卡特本先生的话很有道理。如果我们每天都能和自己说说话，那么就可以逐渐让我们明白究竟什么是勇气，什么是幸福，什么是力量。这样一来，你的生活就会变得非常愉快，不再有任何的烦恼。

我想我们有必要温习一下如何克服厌倦感的方法，因为这对女士们的确有很大的帮助。

如何克服厌倦感 >>>

· 自己和自己比赛；

· 假装自己快乐；

· 每天都鼓励自己。

让最得意的事常在脑海中萦绕

女士们，你们最得意的事情是什么？我想，大多数女士在听到这个问题之后，都会回答我说："哦！这个应该让我想一想，你问我什么事情最得意，我还真不好说。"既然女士们认为回答这个问题有些困难，那就请你们先听听我的故事，也好借这个机会想一想。

有一次，我在英国伦敦的街道上遇见了我以前的老朋友贝迪女士。我们有很多年没见面了，所以我邀请她一起共进午餐，也借此机会叙叙旧。闲谈间，我发现贝迪女士变化很大。她以前是个十分忧虑的人，几乎每天都生活在痛苦和烦恼之中。而如今，坐在我对面的则完全是一个幸福快乐的女人，在她的脸上根本看不出一丝的不开心。当时，我已经有要写《人性的弱点》那本书的想法了，所以我就向贝迪女士征询好的方法，看她是怎么变得如此快乐的。

我问贝迪："我真不敢相信，你的表现让我大吃一惊。告诉我，是什么让你赶跑了忧虑？难道你最近几年都很得意？"贝迪笑了笑说："戴尔，你说得没错，这几年我真的都很得意。我几乎每天都在想那些得意的事。"

我说："那我真该祝贺你，因为你确实挺幸运的。"贝迪摇了摇头，说："不，并不是我幸运，而是因为我自己每天都要让那些最得意的事在我的脑海中萦绕。戴尔，你知道什么是我最得意的事吗？其实那些东西似乎并不值得称道。我现在很健康，而且还有一份不错的工作。另外，我有一个爱我的丈夫和可爱的女儿。这些东西都是我所得意的。"

我有些不解地问："我不明白贝迪，这些东西看起来很平常，每个人都拥有，怎么能说是你最得意的事呢？"

　　贝迪若有所思地说："你知道，我以前一直生活在忧虑之中，特别是 1943 年刚开始的时候。那年春天，我经营的那家杂货店倒闭了。我不仅为此赔上了所有的积蓄，而且还欠下了很大的一笔债，最少也要 7 年才能还清。我当时认为我失去了一切，所以丧失了所有的斗志和信心。我像一只打了败仗的公鸡，垂头丧气地走在大街上。我本来打算到银行借点钱，然后为自己找一份工作。可是我当时真的没有勇气振作起来了，直到那个人的出现。"

　　我知道贝迪一定遇到什么特别的事了，所以赶忙追问："到底发生了什么事？"

　　贝迪说："那天我独自一人走在大街上，忽然间看到对面有一个没有双腿的人。他坐在一块安有溜冰鞋轮子的木板上，靠两根木棍来支撑和划动自己。当他艰难地来到我这边时，突然向我发出了真诚的一笑，说道："早安，女士，今天的天气真不错。"我听得出来，他的话里没有一丝的悲哀，反而是充满了朝气。我突然感到，我与他比起来真的幸福多了，至少我还有两条健康的腿，难道我不应该为此得意吗？从那以后，我终于振奋起来，而且让自己不再觉得有任何的忧虑了。如今，我已经开了一家百货商店，这次到伦敦就是找厂商洽谈业务来的。"

　　我突然间觉得贝迪是个很伟大的女性，因为她已经领悟到了人生的真谛。女士们也应该向贝迪学习。现在，我应该公布开头那个问题的答案了。其实，人一生最得意的事就是满足于自己拥有而别人没有的东西。

　　从见过贝迪以后，我也告诉自己要像她那样。于是，我在浴室的镜子上贴了一段话：

当我还愚蠢地为自己没有一双漂亮的皮鞋而难过时，一个没有双脚的人出现了。

这样我每天早上洗漱的时候都可以看见，而那些所有的难过顿时都消失得无影无踪。

女士们，你们现在应该做什么？你们应该马上问问自己："难道我得到的这些还不够吗？是什么让我每天都生活在烦恼之中？为什么我总是不能提起精神呢？"我可以和女士们打个赌，当你们问完自己这些问题后，你们多半会发现，其实很多事情都是那么的不值一提，那么的没有意义。

我承认，在生活中人总是会遇到这样或那样的麻烦，尤其是各位女士，你们的麻烦似乎比男士要多一些。然而，如果我们细心地观察会发现，实际上我们做的所有事有绝大部分都是很顺利的，只有一小部分存在麻烦。因此，女士们，我要告诉你们一个快乐的秘诀，那就是将你的注意力集中在那绝大部分顺利的事上，每天都盘算你所得到的恩惠，让最得意的事常在你的脑海中萦绕。

在这里，我有几句话要送给各位女士，希望它们能对你们有所帮助。

在英国的很多教堂里，都可以看到"感恩"这两个字，我们应该把这两个字牢记在心。

乔纳森·斯威福特（一位悲观的小说家，《格列佛游记》的作者）说过："合理的饮食、快乐的心情是世界上最好的医生。"

哲学家叔本华说："人往往总是把重心放在那些自己所没有的东西上，而很少去考虑自己已经拥有的。这种想法实在是比战争还要可怕。"

女士们，我希望你们能够牢记这些话，因为它们的确是正确的。只要女士们愿意，你们完全可以把自己所拥有的一切变成巨大的财富，而且要比所罗门王的宝藏还要多。那样，你会比所有人都开心和满足。怎么？女士们不相信？那好，如果给你一百万美元来交换你的双眼，同意吗？或者拿出很多很多钱来交换你的双手、双脚、健康、孩子或是幸福的家庭呢？我想，即使我把全世界的财富都送给你，女士们也一定不会同意的，因为那样就失去了生命的意义。

我非常清楚，很多女士都对做家务深恶痛绝。那些烦琐的、没完没了的事情让她们很烦恼，而且这些事情即使做得再好，也似乎称不上什么得意的事情。其实，事实并不像女士们想象的那样，你同样可以在家务中体会到快乐。为了让女士们相信我的话，我给你们推荐一本名叫《我希望能看见》的书，作者是一位名叫达安的老妇人写的。

达安已经失明五十多年了。虽然她的左眼还能发挥作用，但上面却布满了斑点。每当她想要看书的时候，必须要离得很近很近。可是，达安从来没有灰心过，更没有去祈求别人的怜悯。她从小就是个要强的人，靠着自己顽强的毅力，最后居然拿到了两所大学的学士学位。

后来，达安女士在新泽西州一家小村庄做教师，接着又到了南科他州一家学院教授新闻学写作。她在那里教了 13 年的书，经常会参加各种俱乐部的演讲和集会。她曾经对别人说，自己知道无法克服失明给自己带来的恐惧，所以只好以积极乐观的态度面对一切。

就在 1943 年，52 岁的达安迎来了一生的转折。美国一家著名的眼科医院为她做了治疗手术，使她的视力恢复了很多。达安太兴奋了，每天都生活在快乐之中。她认为，自己目前的生活简直太幸福了。有了一定视力的她，看什么都觉得非常美丽，甚至于在池子边洗碗，也被认为是一件非常兴奋的事。

达安说："我可以看到那些盘子上的泡沫，感谢上帝，我能看到它们。我轻轻捧起一个肥皂泡泡，把它拿到光下看。天啊！五颜六色，真是太美丽了。当感觉有些累的时候，我可以顺着厨房的窗户向外看，居然会偶尔看到飞翔的云雀。我真应该感谢命运，感谢万能的主，是他赐给我那么多美好的东西，使我享受到人间的快乐。"

女士们，你们可曾发现洗碗时盘子上的泡沫是美丽的吗？你们可曾为自己拥有这么舒适的生活而感谢上帝吗？不，你们没有过，因为你们认为这不是什么值得得意的事。我们都应该感到惭愧，因为我们每天都生活在美妙的童话中，却要比达安太太的视力还差，因为我们看不到一丝的快乐与幸福。

几年前，我在学习新闻写作的时候认识了露西小姐。她给我讲了一段自己的亲身经历，一段因为烦恼而差一点酿成悲剧的经历。

露西是个很有能力的女性，每天的工作和生活都安排得很紧。她需要学习一些知识，还需要去主持演讲班，同时还要参加各种宴会和舞会，这种忙碌的生活直到那天早上才完全结束。医生告诉她，她已经累垮了身体，必须要卧床休息一年，否则她的健康将受到极大的损害。她崩溃了，因为对她来说，一年后自己就成为了一个废人。她无法接受现实，更不能乐观地面对。她不得不按照医生的指示去做，尽管这对她来说是巨大的灾难。

这天，一位名叫鲁德福的艺术家前来看她。当她向鲁德福倾诉自己的苦衷时，鲁德福说："你觉得这一年是灾难吗？我不这样认为。你完全可以把它当成财富，因为你可以借助这个时间好好休息一下，然后静静地思考。我相信，12个月以后，你会发现一个新的自己。"

露西做到了，她接受了鲁德福的建议。有一天，她从广播里听到了这样一句话："你所说的任何事都是对你内心的反映。"露西受到了前所未有的震动，她下定决心，只把心思放在那些她拥有的东西上，包括健康和快乐的思想。她为自己虽然卧床但却没有痛苦而感到庆幸，为自己能够有精力去读书和接见朋友而高兴。最后，露西振奋起来了，也变得非常非常快乐。每当说起那段经历时，露西总是会说："那段时间太美好了，因为每天我都在为我自己所拥有的一切而感到得意。"

女士们，世界上任何一笔财富都比不上快乐，然而能够只把精力放在每件事理想的那一方面，又是获得快乐生活的最佳途径。女士们，你们每天清晨都应该做一件事情，那就是清算一下自己所拥有的财产。当然，这些财产是你所拥有的和得意的事。

▍说出你的心事

女士们，我想没有一个人会把生病看成是一件非常快乐的事。的确，我也不这么认为。然而，事实上，在现实生活中，很多女士，特别是一些家庭主妇，她们总是在给自己制造着各种各样的疾病，而这些疾病的根源就是忧虑。

我知道，当我说出这些话以后，肯定会受到很多女士的反驳，因为她们认为自己并不像我说得那样脆弱，更没有理由给自己找麻烦，制造什么疾病。可是，我还是要固执地说，我所说的一切都是事实，因为这是我亲眼所见的。

　　有一年秋天，我和我的助手一起到波士顿参加了一次世界性的医学课程。不过，虽然它表面上被称为医学课程，然而实际上却是一种临床心理学实验。当我到达那里以后，负责人告诉我说，这个课程每隔一周就要举行一次，而参加的人员（当然，这是指那些病人）在进场之前都要进行彻底的身体检查。最后，那位负责人还告诉我，这个所谓的课程真正的名字其实是叫应用心理学。它的目的就是帮助那些被忧虑所困的人，而且这些人大多数都是家庭主妇。

　　我对这件事非常感兴趣，因为它完全算得上是一门新兴的学科。于是，我找到了它的创始人约索夫·布拉特博士，和他进行了一次长谈。他把成立这个课程的来龙去脉都告诉了我。

　　约索夫对我说，他已经在波士顿医院工作很多年了。在这些年里，他接待了成千上万的病人。然而，令他惊讶的是，那些前来求诊的病人，尤其是那些家庭主妇，在生理上其实根本没有一点毛病。可是，不管他怎么劝说那些病人，她们就是不相信，总认为自己的身体就是得了某种可怕的疾病。约索夫告诉我，有一次一位女士来看病，说自己患上了关节炎，两只手都不能再继续使用，而实际上那不过是骨骼产生的正常现象。又有一次，一位女士告诉他，自己一定是患上了胃癌，因为她的肚子老是觉得很胀。其实，她不过是有点疝气罢了。此外，有的女士怀疑自己得了颈椎病，因为她老是脖子疼；还有的女士认为自己得了脑瘤，因为她老是感觉头疼。所有这些女士都无一例外地告诉约索夫，她们真的是得病了，因为她们确实能感受到疼痛。可是，当约索夫给她们进行了最彻底的、最科学的医学检查之后发现，其实这些女士根本就没有一丝的疾病。后来，约索夫针对这一问题请教了那些经验丰富的老医生，从他们那里获得的都是同一个答案：疾病就在她们的心里。

约索夫知道，如果自己固执地告诉那些病人，她们完全可以回到家里，然后把这些疼痛和不舒服的感觉忘掉，那么这无疑是一点用处都没有。他心里非常清楚，这些女士本身也都不希望生病，如果真的能够让她们轻易地忘掉痛苦的话，恐怕这些女士早就照着去做了。事实上，正因为大多数女士做不到这一点才让约索夫非常的头疼。后来，约索夫就开设了这样一个课程。

女士们，你们相信这个课程会产生很好的效果吗？我想你们在最初肯定不会相信，因为当时大多数医学界的人也都持怀疑态度。然而，事实证明了一切，这个课程的确收到了意想不到的效果。如今，这个班已经开办了18年，有很多很多的病人都从这里毕业，而且是健康的。此外，还有一些病人居然愿意在这里一连上几年的课都不感到厌烦。女士们这次相信了吗？如果你们还不相信，我可以给你讲个事例。

为了证实约索夫说的都是真的，我特意找了一位在这里坚持学习了9年而且很少缺课的女士做了一次谈话。这位女士很开朗，也很健谈。她告诉我，当刚来到这里时，她坚信自己的肾脏和心脏一定是患有疾病。

"我当时真的非常紧张，每天都生活在忧虑之中。"这位女士笑着说，"你知道吗？我那时候经常会莫名其妙地看不见东西，因此我常担心自己会不会失明。"

我问她："那你现在是什么感觉？"

女士回答说："现在？难道你还看不出来吗？我现在很自信，而且健康状况也十分良好，心情也十分愉快。我以前老是觉得烦恼，甚至有时候希望能够用死来逃避。幸亏我来到了这儿，因为我在这里首先认识到了忧虑的危害，然后我又知道如何克服忧虑。我现在见到每个人都会说，如今的我简直是太幸福了。"

我仔细观察了一下这位女士，她看起来也就 40 来岁，然而她的怀里却抱着一个熟睡的小孙子。我真的有些不敢相信，这个课程怎么会有如此之大的魔力？它完全使一个原本忧虑的女士变成了一位性格开朗、健康活泼以及充满活力的女士。为了找到答案，我请教了这个班的医学顾问卢斯·谢菲特，请她告诉我是什么方法帮助了那些忧虑的女士。

卢斯笑着说："其实也没什么高深的秘诀。我只是告诉我的病人，她们应该找一个最信任的人，然后向他们说出自己想要说的一切，让那些倾听者接受自己的问题。这种方法，在我们应用心理学上被称为净化作用。通常，我们会承担这一角色，让病人把所有的问题都说出来。如果一个人把忧虑埋在心里，那么他就很容易产生精神上的紧张。你，我，还有那些病人们，都需要别人来和我们一同承担所遇到的难题。对了，我们这里还有一句口号，那就是说出你的心事。"

我真是不枉此行，因为我在这里得到了一条最最宝贵的经验。从那以后，我没有感到过忧虑，因为每当我觉得心情不快时，总是会找一个人倾诉。

向别人倾诉的好处 >>>

·释放你的压力；

·排解你的烦恼；

·缓解精神上的紧张；

·使自己健康快乐；

·让你保持年轻的容貌。

　　女士们，你们真的应该相信这种方法，因为它确实是有效的。为了让女士们能够信任它，我特意为这种心理应用学找到了理论依据。从心理学角度来说，这种方法其实就是以语言的治疗功能为基础的。实际上，早在弗洛伊德时期，很多心理学家就已经提出，一个病人，不管他患有多重的病，只要他能够说出来，那么就一定可以把他内心的忧虑释放出去。这些心理学家还说，尽管我们谁都不能说出人为什么会这样，但是人在说出自己心里的烦恼之后，整个人确实可以变得非常畅快。

　　各位女士，如果你们下一次再碰到什么情感上的难题时，你们还会选择一个人承受吗？不，你们不会，你们应该找一个人，和他说说自己的心事。当然，我并不是说可以没有目标性地找人。我们找的那个人，应该是值得我们信任的，可以是亲人、朋友，也可以是邻居、同事、医生或是神父。总之，你应该对那个信任的人说："我真的希望你能够帮我。一直以来，我都被一个问题所困扰，我真心地希望你可以耐心地听我说，然后给我一点建议。你知道，旁观者清，也许你能给我意想不到的灵感，可以帮我渡过难关。"

　　如果你真的实在是找不到合适的人选，那么我就建议你去找心理医生。大多数心理医生是很有职业操守的，他们的工作中一个很重要的部分就是倾听。我想，他们会成为你们诉苦的最忠实的听众。

不过，虽然我承认波士顿这家医院的课程很有疗效，但我更加倾向于"防患未然"。我认为，与其得了忧虑症以后再去医治，还不如在事前想办法避免。因此，我在这里给女士们一点建议，这是一些很容易做到的事情。

1. 给自己准备一个"心灵记事簿"

当你看到一些好的、可以给你灵感的或是能鼓舞你斗志的文字时，你就把它们记在这个本子上。当你遇到什么难题时，当你提不起精神时，就把它们拿出来，默念几遍。不过女士们要注意，这个本子要保存好，因为积少才能成多。

2. 别让别人控制你的情绪

也许你的丈夫有很多让人难以忍受的缺点，不过你必须承认，如果你的丈夫真的是一个十全十美的圣人，恐怕你也成不了他的妻子。曾经有一位女士把自己的丈夫称为"害虫"，整天都在挑剔丈夫。后来，当医生告诉她丈夫得了绝症以后，她却把丈夫的优点一一列了出来，而且很长很长。所以女士们，当你在牢骚和抱怨的时候，请你先想想别人的优点，也许那些正是你梦寐以求的。

3. 对你周围的事情感兴趣

你不可能是孤独的，因为你总是要有邻居的。因此，对那些有缘和你住在同一条街的人，你应该产生一种非常友善也很健康的兴趣。有人做过试验，他们让一个没有朋友的女士根据自己的想象给邻居编故事。后来，这位女士养成了碰到人就聊天的习惯。今天，她已经非常快乐了。

4. 事先做好准备

这一点其实很简单，大多数女士感到忧虑是因为除了要拖着疲惫的身体去做那收入微薄的工作外，还要分出一部分精力来做该死的家务。你们可以在头天晚上睡觉之前就把第二天的工作内容安排好，这样就不会觉得既麻烦，又让人接受不了。

5. 学会让自己放松

放松是缓解紧张和疲劳的最好办法。记住，紧张和疲劳最容易使你变得苍老，它们是你年轻漂亮的外表的杀手。其实你们要做的很简单，那就是选择各种各样的方式来放松自己，可以是很小的动作，也可以是大一点的动作。

最后，我还要专门给那些家庭主妇提一些建议。我要告诉你们一些运动的方法，而且这些方法你们在家里完全可以做到。一个礼拜后你会发现，这其实也挺有效的。

缓解压力的运动方法 >>>

·感觉疲倦的时候，让身体平直地躺在地板上，并可以做转身运动。记住，每天两次。

·闭目养神，想象空间、事物以及自然，让自己和它们融合在一起。

·如果不能躺下，那就坐在一张椅子上，两只手掌向下平放在大腿上，就像埃及的雕像一样。

·从脚趾开始，然后是腿、腰、背、颈椎，最后是头部，让它们依次得到活动，放松。

·慢慢调匀你的呼吸，不让它那么急促。

· 把脸上的皱纹抹平，松开皱紧的眉头，张开紧闭的嘴巴，每天多做几次，效果很不错。

不要苛求别人的感恩

前一段时间我去纽约拜访了罗琳太太，一个整天生活在忧虑之中，抱怨自己太孤独的老妇人。在到达她家之前，我就已经做好了心理准备，因为我必须耐下心来去倾听这位女士的诉苦，而且我的耳朵还要忍受那些已经讲过很多遍的故事的折磨。但是即使这样，我也必须前往，因为罗琳太太是我的朋友，我必须帮助她从忧虑中解脱出来。

谈话开始了，罗琳太太又给我讲述起她的过去。她不厌其烦地告诉我，在她侄子小的时候，她是怎样尽心尽力地照顾他们，是怎样的百般疼爱他们。那时候她还没有结婚，但她把自己女性天生的母爱全都给了他们。直到她结婚前，那些孩子都一直住在她的家里。孩子们有病的时候，她无微不至地呵护他们，后来甚至于资助一个侄子完成了大学学业。

每当说到这儿的时候，罗琳太太总是很伤感地说："他们太令我失望了，因为他们似乎并不感谢我给他们的恩情。你知道吗？我的那些侄子现在根本就不在乎我这个老太婆。他们虽然来看我，但那并不是经常，而且他们从来不像你这样，能够耐心地听我讲完所有的故事。我知道这很烦人，可这一切都是事实啊！那些可怜的孩子从来不考虑我的感受，因为他们根本不认为我对他们有一丝的恩情。"

我笑着看了看罗琳太太，然后对她说："是的，罗琳，我知道你每天的生活真的很枯燥，所以我这次给你带来了一个很有趣的故事。前几天我在街上遇到了一个朋友，我一眼就能看出来他有心事。当我们在一家咖啡馆坐下来谈话时，他终于把他的心事告诉我。原来，就在去年的圣诞节，他给他的员工发了 10000 美元的奖金，每个员工差不多分到了 300 多美元呢。可是，让我这位朋友气愤的是，居然没有一个人说过任何感谢的话。他现在真后悔当初给那些人发奖金。"

"天啊！这是去年圣诞节的事吗？马上就快一年了！"罗琳太太惊呼道，"我觉得你的朋友很不明智，他真的没有必要将一年的时间都浪费在生气上。事实上，他怎么不问问人家为什么不感谢他？也许真的是因为平时的待遇就不高，而且工作时间还很长。再说，也完全有可能是员工把圣诞奖金看成是他们应得的一部分。要是我我绝对不会那么傻。"

我马上对罗琳太太说："您为什么不把您的侄子们看成是我朋友的员工呢？"

从那以后，罗琳太太再也没向任何人提起过那些陈年旧事，而且她也不再认为侄子去看望她是一件顺理成章的事。不过，罗琳太太现在变成了一个快乐的人，因为她不再苛求别人感恩。

女士们，我相信你们其实和罗琳太太以及我的那位朋友一样，都希望别人能够对你的付出做出回应，也就是希望别人能够对你感恩戴德。可是我必须很遗憾地告诉女士们，忘记恩情实际上是人类的天性。英国的约翰逊博士曾经说过："感恩是那些有教养的人才有的美德，你不要去指望从普通人的身上找到。"我想告诉女士们的是：如果你苛求别人的感恩，那么你就犯了一个很常识性的、一般性的错误，因为你真的太不了解人性了。

我不知道对于一个人来说，什么样的恩情能比拯救他的性命更重。我夫人的一位律师朋友莱斯说，她曾经不遗余力地帮助过80个罪犯，使他们免受死刑的惩罚，没有坐上那张可怕的电椅。可是令人啼笑皆非的是，在这80名罪犯中，居然没有一个人曾经对她表示过感谢，就连在圣诞节寄一张卡片都没有。而我夫人却对莱斯说："你应该知道，耶稣曾经在一个下午让十个瘫痪的人重新站立起来。然而，最后只有一个人回来对他表示感谢，因为剩下那九个人全都跑得无影无踪。"我对我太太的智慧表示钦佩，因为既然圣人都不能得到别人的感恩，那我们这些凡夫俗子凭什么要求那么多。

有必要告诉女士们的是，我很庆幸当初能够及时地帮助罗琳太太改变她的态度，因为她的医生告诉我，她已经患上了很严重的心脏疾病，而且这是情绪性的。也就是说，如果罗琳太太依旧那样孤独和忧虑的话，恐怕我又要失去一位朋友了。

女士们，你们一定想知道应该如何解救自己，如何让自己变得快乐起来。我可以告诉你们一个秘诀，那就是把一切都看得自然一些，不去奢望以自己的力量改变现实。

很多女士肯定会认为我这是一种理想化的想法，是不切实际的，而且对它是否能产生预期的效果表示怀疑。我可以肯定地回答你们，这是使你获得快乐最好的也是最有效的方法。这一点我是有事实为证的，因为我父母就是这样做的。

我父母都是很乐于助人的，尽管我们很穷，但他们每年都要从我们那微薄的收入中挤出一点来救济一家孤儿院。有人可能会认为我父母这么做是为了换取好的名声，事实上他们从来没有去过那家孤儿院。同时，除了会偶尔收到一两封感谢的信之外，从来没有人正正式式地对他们道过谢。但我父母从来没有奢求过什么，事实上他们很快乐，因为他们享受着那种帮助那些无助的孩子们的喜悦，但却从不苛求得到什么回报。

后来，我从家里出来了，到外面开始工作。我每年在圣诞节前后都会给我父母寄去支票，虽然那些钱并不是很多，但我只是希望能够让我父母买一些他们喜欢的东西。可是我惊讶的发现，他们并没有花这些钱给自己买任何东西，而是将钱换成了日用品，送给了那家孤儿院。当我问起他们为什么这么做时，他们告诉我，付出却不要求回报，这是他们认为的最大的快乐。

我越来越体会到，我的父母拥有伟大的智慧和高尚的人格，因为他们清楚地知道，要想使自己得到真正的快乐，那么就永远不要有想让别人感恩的念头，因为享受付出才是最快乐的。

实际上，有一点我是非常清楚的，那就是很多女士的抱怨都来自他们的孩子。因为对于母亲来说，子女不知道感恩是最令人痛心的事。如果我还在这里说忘恩是人类的天性，可能会显得有些不近人情，但我也必须告诉女士们，感恩的心是温室里的花，必须通过精心地培育才能成长起来。因此，作为母亲或是长辈的女士，你们有必要教育你们的孩子，让他们学会感恩，因为孩子必定是你自己造就的。

我的姨母是一个慈爱的母亲，也是一个孝顺的女儿。她从来没有和任何人抱怨过，说她的儿女如何如何不孝，如何如何不知道感恩。然而事实上，我的这位姨母已经自己居住了二十几年，但她的几个孩子都非常欢迎她，时常邀请她到家中居住。不过，子女们对我姨母这样并不是出于什么感恩的心，而是完全出自真正的爱。事实上，孩子们这种真正意义上的爱是从我姨母身上学来的。

我记得那时候我还很小，姨母就把她的母亲接到家中照料，同时还必须要照料她的婆婆。那些场景我到现在都不会忘记，两位老人安静地坐在壁炉前，默默地享受着生活。我必须承认，老人给我姨母添了很多麻烦，但我姨母从来没有一丝的厌烦，而是真心地对她们嘘寒问暖。事实上，那时候我姨母还必须分出很大一部分精力去照顾那几个孩子。但是，我姨母从来没有要求她母亲、婆婆或是孩子们感恩，因为在她看来，自己做的不过是应该做的事而已，这一切都是很自然的，也是她很愿意的。

我和女士们讲述这个故事的用意就是想要告诉你们，寻求快乐的最好途径就是不苛求别人感恩，只有把一切都看成是爱的付出，看成是最自然的事情，才会让你体会到人生的真谛。

女士们，这个故事实际上还传达了另外一种意思，那就是当你要求别人感恩的时候，你首先要做的就是让自己拥有一颗感恩的心。

很多女士在孩子面前很不注意自己的言行，经常诋毁他人的善意。新泽西有一个寡妇，她和她前夫已经有了三个孩子。丈夫死后，这个寡妇嫁给了一名普通工人，并且把自己的孩子也都交给了他。这名工人很辛苦，他一周的薪水不过才 40 美元。为了帮助寡妇的孩子上大学，他四处借钱，欠了很多债。尽管工人的生活很困苦，但他从来没有过一句怨言。

可是，有谁感谢过他吗？不，没有！他的所谓的太太把他的付出当成理所应当，经常在她的孩子面前说："这一切都是他应该做的，因为那是他的义务。"

后来，当这个寡妇老的时候，丈夫先一步离开了她，而她的三个儿子也都拒绝赡养她。当她哭哭啼啼地指责那些孩子不知道感恩的时候，孩子们给她的回答却是："我们为什么要感恩？我们都知道你确实是很辛苦地抚养我们，但难道那些不是你应该做的吗？"

这个寡妇犯下了一个相当严重的错误，那就是她不应该当着自己孩子的面对别人的付出表示冷漠，这样使得她的孩子不知道什么叫作欣赏和感激。我想，这个寡妇是世界上最不快乐的人，因为她在自己没有感恩的前提下，去要求别人感恩。不过，即使她对丈夫的做法心怀感激，她也不应该去苛求孩子们感恩，因为求得快乐的唯一途径就是不苛求别人感恩。

｜生活不能太单调

在我的训练班上，有很多被忧虑困扰的女学员。她们总是向我抱怨说："天啊！我的生活太枯燥了，简直没有一丝快乐可言。我每天都是重复做着那些既无聊又琐碎的事情，这种平凡单调的生活我简直不能忍受了。"每当遇到这种情况，我总是会问她们："女士们，你们是如何支配你们的闲暇时间呢？"这时，刚才那些还抱怨生活太单调的女士们马上就变得兴奋起来。她们有的说自己喜欢健身，有的说自己喜欢看电影，还有的说自己喜欢种一些花草。

有一位叫多莉的女士告诉我，她最大的爱好就是收藏有关介绍厨具的杂志。于是，我要求多莉女士给我介绍一下她的收藏成果。

女士们，你们知道吗？这时候奇迹发生了。多莉女士没有再去抱怨什么单调的生活，而是非常兴奋和骄傲地给我介绍她所知道的有关厨具的知识。我清楚地记得，她那次说了很长时间，几乎给我介绍了世界各地的厨具。当介绍完的时候，多莉女士的脸上再也找不到忧虑的表情了，取而代之的是快乐、幸福和满足的表情。

我高兴地对多莉女士说："祝贺你，你已经战胜了忧虑，你现在可以不必再过那种单调的生活了。"多莉女士有些茫然地问我："卡耐基先生，我不明白你说的话？我更加不知道我做了什么？"我笑着对她说："我知道你的家境并不富裕，所以你没有足够的财力让你去享受娱乐，你的生活的确是很单调。我知道，作为一个已婚的女士有很多烦恼，诸如房子、食物和孩子等。可是，当你把精力全都投入到你所喜爱的事情时，你还有时间去考虑那些令你烦心的事吗？你的生活还会觉得枯燥单调吗？"

多莉女士会心地笑了，因为她终于明白该怎样让自己不再被忧虑困扰了。女士们，不知道你们对我的意见有何看法。我认为，平淡、乏味、单调的生活，永远算不上幸福美满的生活。不管你们的身份是什么，也不管你们的职业是什么，总之，女士们，如果你想让自己快乐、幸福，那么你就必须把自己的生活变得不再单调，因为对你的生活、工作乃至于健康来说，单调都称得上是一个冷酷的杀手。

女士们，鼓起勇气吧，让你的生活变得丰富多彩，这会让你的大脑获得很多的新鲜养料。不过，很多女士并不知道到底怎样做才能让自己的生活变得丰富。我给女士们答案，那就是兴趣。

不管什么样的事，即使在别人眼里看起来很无聊，只要你对它有兴趣，那么它就一定会给你带来很多的乐趣。家庭主妇应该是生活得最无聊的人群了，因为她们每天的事情就是重复地做家务。可是，如果她们能够抽出一点时间去参加家庭以外的活动而不是守在电视机前观看肥皂剧的话，那么她们既可以使自己过得快乐，也可以让自己有一个更好的心情去完成家务。

在我的训练班上有一个叫卡夏的女孩子，她和其他的学员有很大的不同。其他人来我训练班的目的大都是帮自己排除忧虑，而卡夏的目的则是为了充实自己，因为她从来没有忧虑过。我一直在注意观察她，发现她每天好像都很忙。

这天，我刚刚宣布下课，卡夏就又拿起自己的东西，准备离开教室。我叫住了她，很好奇地问她："卡夏小姐，你最近是不是在谈恋爱？我看你每天都好像急匆匆的。"卡夏笑了笑说："没有，先生，我只是要去上舞蹈课，晚上还要去学习绘画。"我有些吃惊地说："何必把自己的时间安排得这么紧？你这样不觉得太累吗？"卡夏对我说："不，卡耐基先生！每当我闲下来的时候，我总是不自觉地去胡思乱想一些东西。因此，我宁愿让自己忙碌、紧张一点，也不愿意去过那种单调无聊的日子。"说完，卡夏就和我道了别，转身离开了。

是的，卡夏小姐太明智了，她找到了一个使自己快乐的秘诀。正当我思考卡夏小姐的秘诀时，班上的另一位小姐奥立佛找到了我，对我说："卡耐基先生，我在您的训练班上也学习了一段时间了，我已经按照您教我的那样做了，可我还是不能让自己快乐起来。我喜欢看电影，这也是我唯一的爱好。于是，我经常去电影院，可是每次回来之后都很伤感。为什么电影里的人每天都生活得那么精彩，而我却注定要受到单调生活的折磨？"

我觉得，卡夏的快乐秘诀是非常适合奥立佛小姐的，于是我对她说："其实你的精彩就在你身边，只不过是你没有发现它们而已。虽然你喜欢看电影，可那却是你唯一的兴趣。正是这种单调的兴趣，才使得你如此不开心、不快乐，才使得你不能从单调的生活中解脱出来。为什么要这样对自己呢？你为什么不去培养自己新的兴趣呢？只要你能让自己的兴趣广泛起来，那么你就根本不会再去忧虑什么了。"

奥立佛做到了，她开始培养自己的新兴趣。后来，每逢周日她都会约上几个志同道合的朋友，一起去登山，而且每次都能从其中体会到前所未有的刺激。现在，奥立佛又对滑雪产生了浓厚的兴趣。虽然她还是个初学者，经常会因为技术不熟练而摔倒，但是她却从没有喊过疼。有一次，我在大街上遇到她，问她现在还觉得生活单调和枯燥吗？奥立佛笑着说："卡耐基先生，您可真会开玩笑！如今我哪里有时间去考虑那些烦心的事，我的要紧事还做不完呢。"

在我刚刚帮助完奥立佛小姐摆脱了忧虑之后，我的训练班上又来了一位作家，情况比奥立佛要糟糕得多。这是因为，奥立佛好歹还知道自己有个看电影的兴趣，可是这个作家却根本不知道自己喜欢什么。她曾经试图让自己喜欢绘画，可是她画出来的东西连自己都觉得恶心；她也曾经试图让自己喜欢小提琴，可她拉出来的声音简直是对人耳朵的一种折磨，摄影、运动、收藏……几乎所有的事情她都试过了，可没有一个成功的。

我知道，卡夏小姐快乐的秘诀并不适合这个人，因为她不是没有兴趣，而是没有一个兴趣能让她获得满足感。后来，我介绍了一位钢琴师朋友给她，让她开始学习钢琴，而且要耐心地去学。很长时间过去了，虽然这位作家仅仅能弹奏出一首简单的曲子，但它毕竟是完整的。现在，每当工作烦闷时，她都会以弹钢琴来打发时间。现在，她的生活中除了稿纸和书，还有了音乐。因此她再也不觉得生活是那么单调无聊了。

此外，我还要告诉各位女士，你们改变自己单调生活的同时，实际上也从客观上激发了你的潜能和活力。这一点，我是从我的邻居沃森太太身上发现的。

沃森太太上了年纪，丈夫也在几年前离她而去，孩子们也都不在身边。可是，沃森太太的生活并不像常人想象的那样枯燥乏味，单调无聊，相反她过得非常快乐和充实。丈夫死后，沃森太太把所有的精力都放在了培育鲜花上。现在，她已经拥有了一个自己的花园。每到晚上，邻居们都会来到她的院子里，和她一起欣赏那些美丽的鲜花。沃森太太听着别人对鲜花的称赞，享受着美丽的景色，内心十分满足。

不过，光有这些她还远不满足。不知怎么的，沃森太太居然迷上了桥牌。于是，每当周末或是空闲的时候，她总是会邀请一些同龄的邻居，和他们一起玩上几局。后来，沃森太太居然还组织了一个桥牌协会，并且由自己担任会长。如今，沃森太太的协会已经有十几个人参加了，而且办得还有声有色。

有一次，我对沃森太太说："真让人难以置信，沃森太太，您现在可比以前精神多了，而且还显得年轻了许多。"沃森太太笑着说："谢谢你，亲爱的戴尔！当你到我这个年纪的时候，你就会明白的。如果我每天都愁眉苦脸的话，恐怕我早就跟随我的丈夫去了！你看，兴趣多了，生活也就自然有意思多了。"

女士们，你们还在等什么？难道你们不想改变单调的生活？行动起来吧，为单调的生活创造一些乐趣，试着给自己寻找一些新的兴趣。女士们，保持快乐是人生最幸福的事，然而最好的办法就是抓住生活中的每一个闪光点，让单调不再困扰你，让你能够愉快地享受生活。

我知道，很多女士都有这样一种想法，她们认为自己现在还没钱，不能去享受生活，最好的办法就是等到以后有了钱而且有时间的时候再去享受。女士们，这种想法既是错误的，也是可怕的。为什么我们要把快乐寄托在明天呢？难道快乐就必须要用金钱才能满足吗？一次轻松的旅游可能只需要你花费 100 美元，一件漂亮的衣服可能只需要花费你几十美元，一项小小的享受可能仅仅会花去你几美元，这些你们都做不到吗？不是的，女士们，你们完全可以做到，因此你们根本不必等待富贵之后再去说什么享受生活。

如果女士们还是不能从今天做起的话，那么即使你以后真的有了钱，也有了时间，你却不会再去享受快乐的生活了，因为你已经习惯了这种枯燥无味的单调生活。你没有了激情，也没有了那些雄心壮志，更不会有什么灵气。事实上，由于你常年压制自己的兴趣，如今的你已经用自己的快乐和健康换取了那些最不值钱的物质财富。

女士们，赶快行动起来吧，让自己拥有一个丰富多彩的、快乐幸福的生活。

第三章

好心态，最美丽

自重而不自傲，自廉而不自疑；欢快而不轻浮，沉稳而不古板。

——［中］一凡

┃ 拥有自信，消除恐惧

一年前，被称为美国商业女奇才的劳伦·斯科尔斯接管了一家濒临破产的纺织工厂。这家工厂已经连续三个月没有拿到一份订单了，员工们的情绪十分低落。不过，经过细致研究以后，劳伦相信，她自己有能力让这个工厂重新振作起来。不过，她心里非常明白，现在最重要的并不是解决工厂的问题，而是想办法唤起员工们的斗志，消除她们的恐惧，让她们树立起自信心。于是，她召开了一次全体员工大会。

在会上，劳伦并没有给员工们阐述自信的重要性，也没有夸口说自己一定能让工厂起死回生。她只是在开头问员工："诸位员工，你们认为，一个健全的人和一个身体有残疾的人相比，哪一个更容易取得成功？"员工不知道她要说什么，只好都说是健康的人。劳伦点了点头说："很多人都这么想，可我却不同意。有一次，我和两个人一起去探险，一个人是聋人，另一个是盲人。我们计划到一座风景秀美的深山中去旅行，可不想半路却被一道地势险恶的峡谷阻拦住了。当时我真的很害怕，因为我看到峡谷很深，而且涧底的水流也很急。最要命的是，通往对面的唯一通道居然是几根光秃秃，而且还颤悠悠的铁索。我心里非常清楚，一旦我从上面掉下来，一定会没命的。"底下的员工有了反应，神情也显得很紧张。劳伦接着说："本来，我以为我的两个伙伴也一定和我一样吓得半死，可不想他们居然一点不害怕，反而很从容地走了过去，留下我一个人在对面。事后，我觉得很奇怪，就问那两个人是怎么回事。那个盲人告诉我，她眼睛看不见，所以不知道山高桥险，于是平静地走了过去。那个聋人则对我说，她的耳朵听不见，因此不知道脚下的河水在咆哮，这样恐惧心理就减少了很多。"员工们一个个都表现出一副恍然大悟的样子。这时，劳伦进入了主题："诸位，正是因为我太'健全'了，所以让我考虑得太多，从而使我没有勇气走过去。实际上，阻碍我前进的并不是峡谷和铁索，而是我自己对现实的恐惧。如今，你们当中有很多人对我们厂现在面临的状况感到恐惧，心态就和那时的我是一样的。"

那次会议以后，那家纺织厂的员工一个个都斗志昂扬，很快就使整个厂子重新振奋起来。当我问她们为什么会发生如此之大的变化时，员工们和我说："我们才不想让恐惧心理阻碍我们的前进。"

女士们，我们暂且不去追究劳伦所讲的故事的真实性，但其中确实给我揭示了一个非常深刻的道理：自信是一种信念，同时也是一种意志，而恐惧则是这种信念和意志的最大敌人。如果我们对某一件事情充满了信心，那么我们就不可能在这方面感到恐惧。相反，如果我们没有信心，那么恐惧的心理将会越来越强烈。

恐惧的类型 >>>

· 恐惧受到别人的批评；

· 恐惧自己的健康状况不佳；

·恐惧自己会失去爱；

·恐惧失去原有的自由；

·恐惧年龄变老；

·恐惧死亡；

·恐惧贫穷。

　　虽然恐惧大致可分为以上八种，但最可怕的莫过于贫穷、衰老和死亡。这是正常的心理，因为我们每一天都将自己的身体当成奴隶一样驱使，目的就是为了摆脱贫穷，同时也是想为自己将来的年老储备一些金钱。这些恐惧给我们带来了很多压力，也使我们变得越来越不自信。它不但没有把我们带入希望之中，反而是将我们拖入了最不希望看到的状况。

　　对于人类来说，有一件事情是他们长久以来都不能弥补的，那就是不知道该采用怎样一种明确的方法促使每个人都发挥出充分的自信来。这真的很可悲，看看我们的教育，几乎没有一位老师能够在教授完学生知识之后，再把那种已知的能够发展自信的方法传授给他们。这不是美国的问题，而是整个人类的失败，也是整个人类文明的重大损失。我一直都认为，凡是那些对自己没有信心的人，都不能算是曾经接受过正常、正规的教育。

　　女士们，任何人都会产生恐惧，这是大自然创造人类时留下的"礼物"。然而，一个真正心灵成熟的人是不会让恐惧伤害到他们的自信心的，因为他们有足够的勇气去面对眼前的所有困难。如果你的某些方面被恐惧控制了，那么你就不可能在这一领域取得任何有价值的成就。一位哲人曾经说："恐惧就是关押意志的监牢。它偷偷跑入你的脑子里，并在里面躲起来，伺机行动。恐惧是恶魔，因为它会带来迷信，而迷信则像一把短剑，一把被伪善者用来刺杀你灵魂的短剑。"

相信很多女士都知道卡尔·沃鲁达，那个在全美最著名的马戏团工作的杂技演员，也被称为"全美走钢索第一人"。他在接受媒体采访时，曾信心十足地说："我的人生的真正意义就是在钢索上行走，其他的任何事情都不能让我感兴趣。"就是在这种自信心的作用下，卡尔每一次走钢索的表演都非常成功。

然而，就在1946年，卡尔在一次表演中不慎从钢索上掉了下来，结束了自己年轻的生命。很多人对此都不理解，不明白为什么身经百战的卡尔会犯下如此致命的错误。后来，卡尔的夫人道出了其中的玄机。原来，就在那次表演的三个月前，卡尔突然对自己失去了信心，害怕自己会表演失败。他经常会问太太："亲爱的，如果我真的掉下去了怎么办？"

女士们也许会问，是不是卡尔当时已经预感到自己将会发生事故呢？不，那不过是迷信的说法而已。事实上，正是因为卡尔对走钢索产生了恐惧，所以才把大量的精力放在了如何避免失败上，没想到最后真的掉入了失败的深渊。

很多人都习惯性地将失败的原因归咎于自己的能力、经验以及外界环境等因素，反而恰恰忽略了心理因素的影响。我并非不承认人的成功是受很多条件制约的，但我一直都认为，心理上的恐惧才是导致失败的最根本原因。

自信的人从来都不会被失败吓倒，虽然他们也会理智地去看待目前所面临的困难和问题，但却是把绝大多数精力放在如何克服上。

然而，那些具有恐惧心理的人却反其道行之，将所有的精力都放在了如何避免失败上。诚然，注意避免失败的确对成功有着很重要的作用，然而恐惧却会让那些人的心理放在害怕失败上，从而想尽办法考虑如何逃避困难。于是，他们不去考虑如何成功，而是在想如何躲避，因此失败也就成为了必然。

所有的成功人士，我是说所有，没有一个例外，都对自己充满了信心。他们对自己的才能有信心，对事业、对追求充满信心。在他们眼里，失败不过是成功路上的一块小石子或小水沟，自己一定能够迈过去。正是因为他们自信，所以他们无畏；正是因为他们无畏，所以他们才会成功。

相反，那些缺乏自信的人却无时无刻不在怀疑自己的能力，并且对已经面对的和前方未知的困难充满了极度的恐惧。他们将自己塑造成了一个失败的形象，而且总是给自己这样的心理暗示："我不可能战胜所遇到的困难，也不可能会在挑战中获胜，因为很多条件都制约了我。"这些人往往具备两种特点：一种是绝对过分地高估现实所面临的各种困难和阻碍，另一种则是绝对过分地贬低了自己的能力，放大了自己的缺点。于是，他们感到恐惧、自卑、消沉，最后选择退缩和逃避。慢慢地，他们会满足于这种逃避的生活，从而自我从主观上接受失败的后果。

由此可见，自信对于女士们心灵发展的成熟以及事业发展的成功都有着极为重要的意义。美国著名的心理学家唐波尔·帕兰特曾说过："人对成功的渴求就是去创造和拥有财富的源泉。一个人一旦拥有了这种愿望，并且能够不断对自己进行心理暗示，从而用潜意识来激发出一种自信的话，那么这种信心就可以转化为一种非常积极的动力。事实上，正是这种动力促使人们释放出无穷的智慧和能量，从而帮助人们在各个方面取得成功。"

我非常同意他的观点，因为有人就曾经把这种自信心比喻为"人类心理建筑的工程师"。在现实生活中，如果人们能够将思考和自信结合起来，那么人类就会将自己的智慧发挥出无限的激情。每一个成功者都拥有一颗成熟的心，而自信又是获得成熟心灵的首要条件。那些有方向感的信心让我们对每一个意念都充满了力量，使自己有勇气去推动成功的车轮。不管前面的路有多坎坷，也不管路上有多少困难，你们都能够无止境地攀登上成功的高峰。曾经有一位诗人朋友送给我一首诗，现在我把它转送给各位女士：

　　自信是我的生命，

　　也是我的力量。

　　它为我创造了无尽的奇迹。

　　自信是我们创立事业的根本，

　　敦促我们不计劳苦，勇往直前，让我们的人生大放光彩。

　　能听意见，也有主见。

直到现在，有一件事一直埋藏在我的心里。每当想起它的时候，我的心中总是充满了愧疚和歉意，这种感觉从未减弱过。

那时候我还是瓦伦斯堡州立师范学院的一名学生，而且也是一名热衷于参加辩论和演讲的积极分子。有一次，学院里举办了一场辩论比赛。这场比赛很重要，因为最后胜出的冠军可以代表整个学院参加全国性的学员辩论比赛。对于我们这些"狂热分子"来说，这场比赛的意义自然非常重大。当时,我和几名同学报名参加了选拔赛,而且还很荣幸地被推选为队长,因为我在当时已经算得上小有名气。在最初的几场比赛中,我们发挥得非常突出,一路杀进了决赛。其实,当时的条件对我们很有利,因为对方在这方面的能力都要稍逊于我们。本来,我们队完全有获胜的把握,然而就在这时,我犯下了一个严重的错误——官僚作风。

也许是比赛的压力太大,也许是我被胜利冲昏了头脑,在为决赛做准备的时候,我开始变得"专制"起来,因为我认为只有按照我的思路去准备才能最终取得胜利。当时,我的队员们提了很多不错的建议,而且也确实都很有道理。然而,那时的我却根本听不进去。每当他们要求我采纳意见的时候,我总是会说:"我是队长,你们的意见只有经过我的允许才能通过。"就这样,整个准备的过程都在我的意志的操纵下进行着,一直到比赛那天。

最后的决赛终于开始了,应该说我们的开头还是不错的。随着比赛的进行,我们和对方的辩论到了白热化的状态。就在这时,我发现对方提出的很多问题都是我没有想到的,但我的队友们曾经想到过。因为没有对那些问题做好充分的准备,所以我们当时显得有些手足无措。最后,我们输掉了那场比赛。

赛后,我感到很失落,因为这场比赛的失败是由我一手造成的。本来,站在领奖台上的应该是我们队,可如今却是别人。虽然我的队友们没有责怪我,但我看得出,他们很失望,也很伤心。只有一个人在私下偷偷和我说:"戴尔,说实话,我们对你这次的做法真的很失望。"老实说,那大概是我生平听到过的最让人难过的话了。

坦白说,我真的不愿意再提起那段往事,它给我的伤害实在太深。如果不是因为我的固执己见，那么我的队员和我就不会留下如此大的遗憾了。因此，我考虑再三，还是决定把这件事告诉给各位女士，希望你们能够引以为鉴。

现在回想起来，那时的我真是心智太不成熟了，因为我根本听不进别人的意见。后来，我仔细分析了当时的情况，找出了导致我"固执"的根本原因。

听不进别人意见的原因 >>>

· 对自己的能力和判断力过于自信；
· 好胜心强，希望证明自己的观点是正确的；
· 疑心较重，不信任别人。

其实，听不进别人的意见这种情况在很多女士身上都有，甚至包括那些和我年纪差不多大的女士。加州大学校长，著名的心理学博士卢卡多·哥伯曾经说："自信是一种好的心态，也是一种成熟的心态。只有自信的人才能最终取得成功。然而，如果盲目自信，不肯听取任何人的意见，那么这种心态则是相当的不成熟。"后来，卢卡多博士在他的著作《做一个成熟的人》一书里，对这种不成熟的心理做了详细精辟的阐述。书中这样写道："一般情况下，两个群体的人容易产生这种不成熟的心理。其中，第一种是那些入世未深，但又年轻气盛的人。他们往往刚刚具备独立思维的能力，很希望能够得到别人的承认。他们将自己的意见看成是世界上最神圣的东西，不允许任何人侵犯它。因此，别人的意见对于他们来说无疑是最刺耳的东西。第二种则是那些有一定能力和社会阅历，但还没有真正成熟的人。这些人已经从年轻的幼稚中脱离出来，所以他们对自己各方面的想法非常自信。当面对年轻人的建议、同龄人的建议甚至比自己成功的人的建议的时候，他们往往会选择排斥，因为他们觉得自己已经具备很强的判断能力了，别人的想法并不会比自己的高明多少。"

不知道女士们如何认为，我个人觉得博士的话还是很有道理的。就拿我来说，那时的我之所以听不进我的辩论队友的意见，主要就是想让他们知道，只有我才是真正的辩论天才，也只有在我的领导下团队才能取得胜利。也就是说，整个辩论队的成功应该全靠我一个人，别人不过是我命令的执行者而已。至于说第二种类型，其实在现实生活中很常见。我们是不是经常看到这样的情形，在一个公司里，部门经理在给本部门的员工安排任务的时候往往采用一种强迫性的、命令性的、不可怀疑的语气，而各个部门在进行讨论的时候，那些经理们则喜欢各执一词，似乎谁也不能说服对方接受自己的意见。

听不进别人意见虽然只是一种不成熟的表现，但是却会给女士们制造很多不必要的麻烦。道理很简单，没有一个人可以保证自己在任何情况下都是正确的。不管是谁，他在思考问题时总是习惯性地陷入自己的思维模式。这样一来，势必就会把思维陷入到一条狭窄的单行道内，从而使问题得不到很好地解决。很多女士不同意我的说法，认为她们不会犯下如此愚蠢的错误，觉得我是在杞人忧天。事实上，当你们有了这种想法的时候，就已经犯下了不听别人意见的错误。

有些女士可能会说："既然你劝我们要听别人的意见，那好，我们就广泛地采纳别人的意见。只要是别人提出的建议，我们就一概接受。"芝加哥心理学教授斯科尔·德莱克曾经说过："世界上有两种人最不成熟：一种是听不进别人意见的人；另一种是盲目轻信别人的人。"

前不久，我的一位女学员拉诺夫人找到我，希望我能够给她提供帮助。她告诉我，最近自己非常的烦恼，因为她不知道该如何解决眼前的困难。原来，拉诺先生失业了，这使本来就不富裕的家庭马上陷入了财政危机。为了帮助家庭摆脱经济危机，也为了让丈夫能够安心工作，拉诺女士决定走出家门，找一份力所能及的工作来干。为此，她征询了很多人，希望能从他们那里得到一些好的建议。然而，就是这些人的建议才使得拉诺女士不知所措。

拉诺的丈夫劝她不要找工作，因为男人就应该养家糊口，而她的表姐则大力支持她去找工作，因为她认为女人就应该独立。此外，在对工作的选择上，她的亲戚朋友们在意见上也发生了分歧。有的人认为她应该找一份轻松一点的工作，因为那样会让她还有精力来照顾家庭；有的人则认为应该找一份薪水多一点的工作，因为拉诺的主要目的就是为家庭缓解财政危机；有的人又认为不应该去挑三拣四，因为一个已婚的女人找工作并不是一件很容易的事……总之，每个人都给拉诺提了一个建议，而且每个建议听起来也都很合理，这让拉诺很苦恼，因为她不知道究竟该采纳谁的。

当拉诺问起我的建议时，我对她说："拉诺夫人，你为什么要问我？难道最了解情况的不是你自己吗？的确，那些人给你提的建议都非常好，你也应该对他们表示感谢。可是，他们都是从自己的角度考虑问题的，并不一定就适合你的情况。我觉得，现在最好的意见就是你自己的，因为那才是最符合你的情况的。"拉诺女士摇了摇头说："不，卡耐基先生，我一直都很失败，很少做出正确的判断。再说，我已经习惯听别人的意见了。好吧，既然你不肯帮助我，那我就去找找别人。"

真的是我不愿意给她提供帮助吗？事实并非如此。其实，我已经给了那位女士建议，只不过她自己没有觉察出来而已。我想，拉诺夫人恐怕到最后也没有找到一份工作，因为她根本不知道自己要做什么、该怎么做。

我曾经考虑过，如果非要我在"固执己见"和"毫无主见"中选择一个的话，那么我宁可选择前者。因为"固执己见"虽然可能让我偏离正确的方向，但我毕竟是去做了，而且是按照自己的意思去做了。相反，"没有主见"则可能让我错过解决问题的最佳时机。这是因为，如果一个人没有主见，那么他满脑子里装的都是别人的意见。他会觉得这个人说得有道理，那个人讲得也不错，采用哪个都可以，采用哪个又都不太合适。于是，这些人会犹豫不决，裹足不前，最后浪费掉了一次次的机会，使得事情越来越糟。

不过，在最后我还是要和女士们强调一点，不论是固执己见也好，没有主见也罢，都是一种心智不成熟的体现。对于女士们来说，具有哪一种心态都是不正确的，因此女士们要做的就是看清形势、看清自己，使自己尽快地成熟起来。

如何做到能听意见，也有主见 >>>

· 对自己充满信心，但不可盲目自信；

· 充分分析自己的情况；

· 理智分析别人的意见；

· 在相信自己的基础上信任别人。

学会喜欢自己

五年前，我的培训班上的一位女士找到了我，希望我能够给她提供一点建议，因为她现在实在是忍受不了生活的压力了。

女士告诉我，她应该算得上是一个幸福的女人，因为她的丈夫是一个事业有成的政府官员，而且做事很积极，也颇具上进心，当然也比较独裁。可是，正是因为丈夫的成功，所以才给这位女士带来了无尽的烦恼。原来，由于丈夫的工作关系，这对夫妇的社交圈很自然地就以先生的朋友为主。这些朋友大都是有声望、有地位，而且也很富有的人。在这种环境里，女士觉得自己太渺小了，因为她完全不能把自己的个性发挥出来。虽然她有着善良和纯朴的本质，但这些似乎都被别人忽略甚至于藐视。因此，她越来越不相信自己，越来越为自己不能达到别人的要求而痛苦。同时，她也越来越不喜欢自己。

虽然我马上判断出这位女士的问题并不是不能适应环境，而是不能适应自己，但当时我并没有给这位女士明确的答复。不是我不想帮她，而是因为当时我自己也没有认识到喜欢自己的重要性。后来，为了帮这位女士解决问题，我特意去了趟曼哈顿，去拜访我的老朋友司麦理·布勒敦医师，希望能从他那里得到一点建议。

布勒敦听完我的叙述后对我说："戴尔，这位女士最大的问题就是不能勇敢地、快乐地接受她自己。在她心里，始终期望自己能够变成另外一个完全不属于自己的人。"

我点了点头说："我知道，我的朋友，但我更想知道怎样才能帮助她。"

布勒敦想了想，说："她现在最需要明白的是，任何一个人都具有一定的作用，而且完全可以在日常的生活中把它表现出来。不过，这种作用并不是通过依靠别人或模仿别人表现出来的，而必须是通过自己的个性来表现。我相信，只要能够明白这一点，她就一定会变得成熟、快乐、自信。"

我说："你说得很对，布勒敦医师，我的想法和你的是一样的，只不过我以前还不能确定。"

布勒敦接着说："戴尔，你必须承认，喜欢自己是每个人获得健康成熟的必要条件。但在拥有这个条件之前，你首先要明白的是，这种自爱并不是指那种自私的想法。它不过是一种自我接受，是一种既清醒又实际的接受自我的做法，是人性尊严和自重的体现。对自己表示适当的自爱，这对我们每一个正常人来说都是健康的。不管是为了从事工作还是为了达到某种目标，这种自爱都是必要的。"

我终于完全理解了布勒敦的话，也从内心体会到了喜欢自己的重要性。那位女士之所以不快乐，就是因为她评判自我的第一步就已经走错了，因为她把别人当成了自己的评判标准。后来，我把这些话告诉给了那位女士，让她无论如何要给自己建立起一套属于自己的价值观点，然后再把这些当成自己的生活依据。最后，这位女士真的成功了，也变得成熟了，因为她再也没有苦恼过。

女士们，我不知道你们怎么看待喜欢自己？是不是依然把它当成一种没道理的、自私的做法？我必须提醒各位女士，学会喜欢你自己是有很大的好处的。

　　各位女士，在你们学会喜欢自己之前，首先要做到的就是不要害怕喜欢自己，因为喜欢自己完全是一种成熟的表现。女士们可以细心观察一下，凡是那些思想真正成熟的人，往往都能适度地忍耐自己，就像他们也能适度地忍耐别人。这些人知道，每个人身上都是有弱点的，自己也不例外，因此他们从不为一些小小的过错而感到痛苦。

　　事实上，在我之前就已经有很多人在研究喜欢自我的重要性了。哥伦比亚大学教育学院的亚斯·卡斯教授一直都坚信，不管是成人教育还是儿童教育，首先要做的就是让学生了解自己，然后再鼓励他们拥有健康正确的接受自我的态度。他曾经为全美的教师写过一本名为《教师，面对自我》的书，书中写道："教师是一个充满了辛苦、满足、希望和心酸的职业。对于每一个教师来说，自我接受都是非常重要的。"

　　我对卡斯教授的观点是赞同的，因为我能够看到，这个社会充满了太多竞争，现在的人们总是会以个人物质上的成就来衡量一个人的价值。如今，人们热切地追求着名利，去做着枯燥的工作。所有人，当然也包括各位女士都感到自己的灵魂找不到寄托。这时，人们很容易迷失自我，从而不能认同自我。

　　幸好，还有一些人发现了这一点，并且提出了很好的建议。哈佛大学心理学家卢伯·怀特先生曾经说："作为一个现代人，必须要学会调整自己，否则就难以适应环境带来的各种压力。"是的，的确是这样。女士们，难道你们没发现吗？我们周边有多少人能够真正地具有自己的个性，又有多少人能够真正地清楚自己的主张？一旦我们的行为与我们所接触的社交和经济圈子相违背，那么我们就会马上感到不安或是不快乐，接着就会产生一种失落感和迷惑感，最后就开始不喜欢我们自己。

女士们，我可以教你们一种判断一个人是否喜欢自己的方法。这个方法就是看他是不是对自己过分地挑剔。

有一次，我的演讲课上来了一位女学员。下课后，她找到我，并向我抱怨自己的演讲没有达到她所期望的效果。女学员说："这次演讲简直糟糕透了，因为当我站起来的时候，就已经认为自己简直愚蠢到了极点。我感到不自信、胆怯而且还很笨拙。可是，训练班上其他成员都显得准备充分，表现得非常有自信。这时，我更加害怕我的缺点，让我真的没有勇气继续讲下去。"

我笑了笑说："你说得很好，你把你自己的缺点说得非常详细，也非常准确。但是我不明白，为什么你老是把眼睛放在自己的缺点上？你的演讲不好并不是因为你有太多的缺点，而是因为你没有把你的优点发挥出来。"

我个人觉得我所说的是正确的，因为这位女学员后来做得很不错。女士们，你们不应该老是盯着自己的缺点看，而不去欣赏自己的优点。事实上，不管是普通人，还是那些在某一领域有所建树的人，在他们身上以及他们的成就上，都是存在缺点的。威廉·莎士比亚，他的作品中有很多常识性的历史和地理错误，但这并没有影响他成为世界级的文学巨匠。还有狄更斯，他的作品中有很多地方太过矫情，不过又有谁去关注这些呢？正因为在他们身上有着耀眼的优点，所以才会让人们忘记他们的缺点。

女士们，你们要学会喜欢自己，首先要做的就是让自己有足够的耐心去面对自己的缺点。当然，我必须澄清，这种做法并不是让女士们放弃自己的原则，降低对自己的要求。而是希望女士们懂得这样一个道理——没有一个人是完美的。

　　我曾经参加过一个组织，在里面结识了一位女士。通过相处，我发现这位女士是一位不折不扣的完美主义者。她活得太累了，每件事都要力求达到最佳效果。因此，不管事情多小，多烦琐，她总是要自己亲自去做，甚至于写一份小小的报告都要花费很长时间。至于说一些复杂的事情，她更是非要搞得自己筋疲力尽为止。最后，她终于把每件事都做得完美了，至少她是这样认为，但这却是一种让人讨厌的完美。

　　什么叫完美？那就是一种残酷的自我主义。完美主义者总是向别人表示：让我做得和别人一样好，这是远远不够的，我必须要超越别人。我们没有目的，也没有目标，更不想要什么成就，只是想证明自己能胜过别人。可事实呢？完美主义者也一样犯错，就像普通人那样。不过，他们不能忍受这种状况，会开始恨自己，不喜欢自己。

　　事实上，如果你对自己太过挑剔，那么不喜欢你的不仅仅是自己，还有别人。道理很简单，连你都不喜欢自己，别人有什么理由喜欢你。

　　何必对自己如此地苛刻呢？为什么不能宽容自己的缺点呢？为什么不能喜欢你自己呢？我可以告诉女士们一个让你喜欢自己的最有效的方法，那就是独处。

　　芝加哥一家心理医院的一位医师说："人们总是习惯在晚上回想

一天的活动，而且经常是在床上进行的。我非常喜欢这种方式，因为它是与自己相处的最好的方法。"实际上，独处对我们来说真的有很大的益处。安妮·林柏曾经说过："当我们与自己的内心进行沟通时，我们就可以和别人进行沟通。然而，只有当我独处时，我才能发现其中的真谛。"

女士们，我真心地希望从今天起，你们能够喜欢自己。试想一下，如果我们总是要依靠别人才能给自己赢得快乐感和满足感，那么这就无疑是给他人增加了一种负担，而这势必也就会影响到我们彼此之间的关系。成熟的个性是什么？那就是喜欢、欣赏和尊重我们自己，让我们拥有自己的个性。这不仅可以让你变得健康、快乐，也可以增强你与人相处的能力。

最后，我有一些方法送给女士们，相信你们一定会接受的。

如何让你喜欢自己 >>>

·发现自己的优点；

·放弃完美主义；

·不对自己过分挑剔；

·不以别人的标准衡量自己；

·给自己一点时间独处。

▎适应不可避免的事实

这件事发生在我很小的时候。有一天，我和邻居的几个朋友一起在我家附近一间废弃很久的老木屋的阁楼上玩。那时候的我也是很调皮的，所以当有人提起从阁楼上跳下去时，我第一个就响应了。我在窗栏上站了一会儿，然后很"勇敢"地跳了下去。

就这一跳，让我付出了惨重的代价。当时，我的左手食指上戴了一枚戒指，就在我的身体往下落的时候，戒指被一根钉子勾住了，而我的整根手指也被生生扯了下来。

当时我吓坏了，因为那种疼痛确实让人很难忍受。我认为我一定活不长了，可实际上事情远没有我想象得那么糟。等我的手伤痊愈以后，我几乎没有为这次受伤烦恼过。是的，烦恼又能怎样呢？还不如慢慢适应这个不能避免的事实。直到今天，我几乎已经忘记了那件令人痛苦的事情——我的左手只有四根手指。

女士们，相信你们一定和我有同样的想法，那就是每当人们处于不得已的情况时，总是能够尽快地去适应它。因为只有去接受这种情形，才能让我们忘记它所带来的痛苦。每当我遇到不开心、不快乐的事情时，总是会想起刻在荷兰一座古老教堂里的话：事情既然已经这样了，那就不可能会有其他改变了。

我认为这句话非常具有哲理，因为我们一生总是难免会遇到各种各样的挫折和不快。面对这些东西时，我们可以有两种选择：一种是接受它，适应它；另一种是担心它，忧虑它，让它摧毁我们的快乐生活。

就在前不久，我去拜访了一位资深的心理学家，问及他应该以怎样的心情来应对不幸才能最终获得胜利。心理学家给我的答案让我有些吃惊，他告诉我说："很简单，只要你接受了它，适应了它，那么你就已经迈出了成功战胜不幸的第一步。"本来我对他的这种说法有些怀疑，但在我接到俄亥俄州的伊丽莎白女士的信以后，我彻底接受了他的意见。

伊丽莎白女士在信中给我讲述了她亲身经历的一件事。那天，伊丽莎白突然接到了国防部的电报。国防部遗憾地通知她，她最爱的侄子乔治在北非战场上战死了。天啊，伊丽莎白女士简直不能承受如此巨大的悲痛。在这之前，她是多么的幸福啊！她一直都很健康，也拥有一份很好的工作，而且还有一个由她一手带大的侄子。在她看来，乔治是世界上最完美的年轻人，没有人可以替代他。伊丽莎白女士非常欣慰，因为她觉得自己付出的一切都有了回报。

然而，一封电报却毁灭了她的一切。伊丽莎白女士觉得自己的事业已经没有了希望，认为自己活下去都是多余的。她开始轻视自己的工作，忽视自己的朋友。她不明白，为什么一个这样优秀的年轻人会过早地结束自己的生命。正当伊丽莎白女士被这突如其来的灾难折磨时，一封信改变了她。

这天，伊丽莎白女士在家清理侄子的遗物，她已经有很长时间没有去工作了。突然，她发现了一封几乎已经被自己忘掉的信，那是她侄子写给她的，内容是安慰她不要为她母亲的去世太伤心。信中这样写道："我们都是十分想念她的，尤其是你，我的姑妈。但是我十分相信你，我知道你一定可以撑过去，因为你一直是我心中最坚强的女性。你曾经教导过我，不管遇到什么困难，我都应该像个男子汉一样勇敢地面对。"

伊丽莎白女士流着眼泪把这封信读了一遍又一遍，感觉就像侄子在身边和她说这些话。她突然觉得，这就是侄子的安排，他想让自己知道："为什么自己不能按照这些方法去做，把悲伤和痛苦化解呢？"

从那以后，伊丽莎白女士变了。她重新投入到自己的工作中，对周围的人也开始变得十分热情。伊丽莎白女士经常对自己说："乔治已经离开我了，这是我不能改变的。我能做什么？我能做的只有像他所希望的那样快乐地生活下去。"于是，伊丽莎白女士把自己的精力和爱都给了其他人。她培养了自己新的兴趣，让自己结交了很多新的朋友。渐渐地，她将那些悲伤的过去忘掉了。如今，她生活在快乐与幸福之中。

女士们，你们是否从伊丽莎白女士身上学到一些东西呢？我学到了，那就是环境本身其实并不会让我感到快乐或是不快乐。相反，我们对环境的反应才最终决定我们的感受。事实上，我非常清楚地知道，大多数女士的内心是十分脆弱的，因为她们没有勇气去承受住灾难的降临。但是，我要告诉各位女士的是，每一个人，包括各位女士，你们都有能力去战胜灾难。不要以为你们办不到，其实你们内在的潜力是有着惊人的力量的。只要你们能够巧妙地把它们利用起来，那么你们就可以战胜一切。

有一次，我的训练班上来了一位女士，她说自己正在忍受着灾难的折磨。起初，我以为她也是属于那种脆弱的女士，于是就劝她勇敢地面对一切。可那位女士对我说："卡耐基先生，我一直都非常勇敢！我不服输，也决不忍受命运的摧残，我要反抗，我要抗争，我决不向命运低头。"突然间，我发现自己找错了方向，因为这位女士和伊丽莎白并不一样。她并不是忍受不了灾难的打击，而是因为不懈地反抗才换来的烦恼。

当时我的处境真的很窘迫，因为我不知道到底该怎么回答这位女士。我拼命地在脑子里思索，希望能找到足够的证据来劝说这位女士。最后很幸运，我终于想起了一个例子。我认为这对那位女士是非常有帮助的。现在，我也把这个故事讲给各位女士。

相信女士们对萨莱·波恩萨特一定不陌生，因为在最近50年来，她一直都是四大州剧院里最受欢迎的女演员，然而命运之神却在她晚年的时候捉弄了她。她先是失去了所有的财产，接着又被告知需要把一条腿锯掉。

原来，萨莱坐船去法国，在海上突然遇到了暴风雨。她摔倒在了甲板上，摔伤了自己的腿。由于船上的医疗设备太简陋，所以延误了伤口的治疗，结果导致萨莱患上了静脉炎和腿痉挛。当被送往医院的时候，萨莱已经因为忍受不了剧烈的疼痛而昏过去好几次了。医生检查完受伤的腿以后，马上诊断出必须要锯掉。说实话，这位医生有些胆小，因为他知道萨莱是一位脾气暴躁的女士。可让人没有想到的是，萨莱却异常平静地说："哦，这是上帝的安排，这就是我的命运。我不会去抵抗，更不会懊恼。既然医生认为非这样不可，那我也只好听天由命了。"

当萨莱被送往手术室的时候，她的孩子们都在一旁伤心地哭着。萨莱却笑着对他们说："好了，我的孩子们！别这样好吗？你们要知道，这样做会给医生和护士产生很大压力的。为什么要为这件事伤心呢？我从来不想去反抗什么，我很快就会没事的。"

事实上，萨莱真的做到了。手术进行得很顺利，萨莱恢复得非常好。后来，她居然还开始了环游世界的演出，而且收到了很好的效果。

当我讲完这个故事的时候，那位刚才还满脸忧虑的女士突然间恍然大悟，说道："你说得太对了，卡耐基先生，为什么我以前就没有想到呢？事实上，前两天我还在《读者文摘》上看到这样一句话：我们完全可以节省下一些精力去创造一个美好的生活，前提是不去反抗那些不可避免的事情。天啊，我真的太傻了！从现在起，我知道该怎么做了。"

这位女士真的很聪明，因为她马上就明白自己该如何面对那些不可改变的事实了。最好的办法并不是不停地抗争，而是选择"低头"适应。我有一个很形象的例子讲给各位女士。相信女士们一定都想知道为什么汽车的轮胎可以在公路上持续地跑很长时间。事实上，起初设计人员在设计轮胎时，总是想把它设计得可以抵抗路面一切的阻碍。可是结果显示，那些轮胎一个个都被颠簸得支离破碎。后来，设计人员改变了设计思路，他们设计出一种能够承受路面所带来的一切压力的轮胎，这种轮胎一直使用到现在。

女士们，实际上我们每个人就像一辆车，而我们的思想就是四个车轮。人生之路要比那些笔直、平坦的高速公路颠簸得多，所要遇到的阻碍也多得多。如果我们为自己安上"强硬"的轮胎，那么我们的路途恐怕就不会快乐顺畅了。相反，如果我们吸收了这些挫折呢？答案非常简单，一切的困难和矛盾都会消失，我们也不会被忧虑所困扰。

当然，在这里我必须要澄清一点。我建议女士们适应不可避免的事实，建议女士不去反抗所遇到的灾难，这并不代表我是一个宿命论者，也并不表示我希望女士们在碰到任何挫折的时候都选择退缩和放弃。事实上，我更希望看到坚强的女士，希望女士们能够勇敢地面对一切。不管在什么情况下，只要还有哪怕是一丝希望，我们都要努力奋斗。

可是，当那些人力所不能改变的事情发生时，比如亲人的离去，自然所造成的灾害等，我们应该选择适应。这些事情是不可能避免的，更是不可能改变的。也就是说，不管我们再怎么努力，都不能使事情本身出现任何转机，因此我们应该毫不犹豫地选择适应。

最后，我在为我的观点找一个经典的论据。早在耶稣出生前399年，就有一句非常经典的话在欧洲流传："对那些必然发生的事，应该轻松快乐地接受它们。"

▎不为打翻的牛奶哭泣

我的一位好友拉伦·萨德斯曾经对我说，他这一生最感谢的就是他高中时期的老师保罗·布拉德沃尔，因为他曾经在一次生理卫生课上给他上了一堂最有价值的人生课。

那时的萨德斯还是一个高中生，同许多年轻人一样，他有着数不清的烦恼。他经常会为自己犯下的种种过错感到苦恼和后悔；每次考完试之后，他经常会整夜地责怪自己不该答错那几道题；他经常会坐在椅子上发呆，因为他害怕自己会不及格；他还总是幻想着自己有一天能够回到过去，因为他想弥补自己在过去所犯下的所有错误。总之，那时候的萨德斯是一个忧郁的男孩。

一天早上，布拉德沃尔带领所有的学生来到了实验室。只见他把一瓶牛奶放在了桌子上后，示意所有的学生都坐下来。当时很安静，所有的学生都等待老师给他们做一个很有趣的实验。不过，这些孩子心里也充满了疑惑，因为他们看不出来这瓶牛奶和这堂生理卫生实验课有什么关系。突然，布拉德沃尔先生站了起来，一掌就将牛奶推到水槽中，然后大声地说："永远记住，不要为打翻的牛奶哭泣！"

接着，老师把所有的孩子都叫到了水槽边，望着那瓶已经打碎的牛奶说："你们都看到了吧，这是我要给你们上的最重要的一堂课，希望你们永远记住它！很显然，这瓶牛奶已经不存在了，因为你们亲眼看见它已经破碎。现在，不管你们多么懊悔、多么烦恼，也不管你们怎样抱怨，有一个事实永远不可能改变——这瓶牛奶已经无法挽回了。其实，如果在这之前，我们能够仔细一点的话，这瓶牛奶是一定可以保住的。然而现在，一切都是不可能的了，我们现在能做的只有不去想它，忘记这件事，然后尽快地去思考下面该做的另一件事。"

萨德斯说："如今我已经忘记了以前学过的拉丁文以及几何知识，然而却始终记得这个小实验。这里面蕴含了很深的生活哲理，比我在高中所学到的所有知识都有用。现在，我总是会尽一切可能保证牛奶不被打翻，可是如果一旦打翻了，那我就不去担忧，而是把它们全部忘掉。"

我真的非常羡慕萨德斯，因为有一位这样好的老师教会他如此有用的人生哲理。如果我早一点遇到这位老师的话，恐怕就不会有以前那件尴尬的事情了。

那时候我还不够成熟，不过已经有了一点事业。我在纽约建立了一个比较大的成人教育补习班，而且还在很多地方设立了分部。每个人都知道，要维持这样一个庞大且纷杂的机构是需要很多经费的。但是我并不担心，因为我相信我将来收获的利益要比我付出的多得多。当时的我非常忙，没有时间也没心思去管理什么财务问题。更要命的是，当时的我根本没意识到请一个好业务经理的必要性。

最后，现实给我上了生动的一课，因为我发现，虽然我的收入看起来非常多，然而却似乎并没有给我带来任何利润。其实，如果当时我能够不为这瓶打翻的牛奶而哭泣，并且对自己的错误进行深入分析，总结出经验教训的话，相信我也不会损失惨重。然而，那时的我却没有这样做。

我的情绪失落到了极点，每天都沉浸在无限的痛苦与忧虑之中。那段时间，我每天吃不好、睡不好，体重下降了很多，精神也十分恍惚。必须承认，在这次大错误之后，我非但没有及时改正，反而又犯下了另一个稍小一点的错误。

不知道现在女士们是否能理解我的苦心，是否明白我究竟在说什么。我知道，很多女士会不以为然地说："卡耐基先生，我真的不明白你为什么要浪费这么大的篇幅去重复这句老掉牙的话？它有用吗？我不觉得它有什么特别之处。"女士们如果是这样想，那么你就大错特错了，因为这句老话确实包含了人类最宝贵的智慧结晶。

事实上，我们很多人都不能把自己从过去的痛苦中拯救出来，他们都在为打翻的牛奶而哭泣。然而，这种做法又带来了什么样的结果呢？

为过去忧虑的后果 >>>

·对已经发生的事没有一丝作用；

·让你变得忧虑、紧张；

·浪费你解决下一件事的时间和精力。

我是个喜欢收藏的人，在我家的院子里，存放着一些从耶鲁大学皮博迪博物馆购买的恐龙化石足迹。博物馆的馆长曾经给我写过一封信，明确告诉我这些足迹都是恐龙在一亿八千万年以前留下的。我想，没有一个人会异想天开地去幻想有一天能回到一亿八千万年以前去改变这些足迹，然而却有很多人总是幻想着能够回到过去弥补自己的错误。道理很简单，就算是过去一秒钟发生的事情，我们也是绝对没有办法改变的。说得再深刻一点，现在的我们可以尽一切努力去改变前一秒钟发生的事所产生的影响，但绝对不可能改变一秒钟前所发生的事。

那么究竟怎样做才是最明智的呢？只有一种做法最有价值，那就是冷静地分析我们所犯下的种种过错，然后从中分析出经验和教训，接着再把这些错误全都忘掉。

在我最敬佩的人中，有一位名叫劳拉·夏德的女士，她曾经在美国一家著名的报社做编辑。有一次，她邀请我去参加州立大学毕业班的讲演。那次演说非常精彩，很多女学生都听得入了迷。突然，夏德女士问道："请问你们有谁在家帮助父母干过锯木头的活？"话音刚落，很多学生都举起了手。夏德女士笑了笑，继续问道："那有谁曾经锯过木屑？"这时没有一个人举手。

夏德停了停，说道："我知道，没有一个人肯去锯木屑。原因很清楚，因为木屑都是被锯下来的，没有任何意义。实际上，过去的事也是一样。我希望你们能够明白，当你们为那些已经发生过的事情感到忧虑的时候，你们就已经开始锯木屑了。"

女士们，我真心地希望你们能够记住夏德女士的话，因为这对你们摆脱忧虑、拥有一颗成熟的心有着至关重要的作用。在我的培训班上，很多女士都不止一次地和我说，她们以前曾经做过什么什么错事，这些事让她们后悔不迭，直到如今仍然不能摆脱它们所产生的阴影。这些女士太可怜了，因为她们每天都生活在痛苦与忧虑之中。其实，忘记过去的失败和痛苦并不是一件不可能的事情。

有一次，我去拜访玛丽·康尼女士，她年轻的时候可是全纽约最棒的篮球运动员。闲谈间，我问她是否会对输掉一场比赛而懊恼、忧虑。她回答我说："是的，年轻的时候我经常这样。不过，在我退役的前几年，我就已经不做这种乏味的、愚蠢的且毫无价值的事情了。我发现，那种做法对我产生不了任何好处，就好像你要去磨刚刚磨好的面粉一样。那没有任何意义，它已经是这样了。"

的确，面粉已经磨好就不能再磨了，木头变成木屑也不能再锯了。可是，女士们还能做点什么，至少还可以通过努力让自己的胃不再难受，或是让自己脸上的皱纹变得少一点。其实，女士们只要换个角度思考问题，采用一些恰当的方法，那么忘记忧虑并不是一件不可能的事情。

我曾经和前重量级拳王杰克·登普西一起共进晚餐。席间，我们谈起了那场残酷的比赛（1891 年，登普西在英国被滕尼击败，失去了重量级拳王头衔）。我知道，这对于一个职业拳手来说，伤害很大的。

登普西告诉我，他的确失落过，但现在他已经站起来了。因为他总是对自己说："过去的就过去了，我为什么让自己生活在过去的时光里呢？牛奶已经打翻了，我不应该去哭泣。这次失败打击了我，但是却不能把我打倒。"

女士们，登普西教给我们一个非常好的方法。事实上，失败之后，他没有总是对自己说："我不应该为自己的失败而忧虑。"因为这样做的话，只会让他经常想起那段令人难受的过去。他的做法是忍受和承担，努力使自己忘掉过去的失败，如此一来他就没有什么可忧虑的了。听听登普西的感受吧！"我一直有开一个餐馆的梦想，可是打拳的时候我却没有时间。"登普西说："在以后的那10年里，我做了很多具有建设性意义的事情，我觉得这段时光比以前所谓的拳王时期要快乐得多！"

我知道，登普西并没有读过多少书，但他却无意中和莎士比亚站在了同一高度：

愚蠢的人才会坐在原地为自己的损失感到悲伤，聪明的人总是会愉快地想尽一切办法来弥补自己的损失。

我们不妨翻看一下历史，很多能够在艰苦环境下生存下来的普通人并不是因为有强壮的身体，而是因为他们能够很快将所有的困难、不幸、失败忘掉。他们没有忧虑，因此他们也不会觉得不快乐。

我曾经有机会到美国的新新监狱看过，我惊奇地发现里面的囚犯没有一个人是愁眉苦脸的。相反他们每个人看起来很逍遥，也很快乐。于是，我找到我的朋友——新新监狱的狱长，问他这到底是怎么回事？他告诉我，这些囚犯刚开始来的时候也是终日愁眉苦脸。可过了一段时间，他们发现这种做法于事无补。于是，他们开始学着快乐、忘掉烦恼。

是啊，女士们，何必为那些不可能挽回的事情流泪呢？我知道，犯错误确实是我们的不对，可有谁又能保证自己从没犯过错误呢？拿破仑是人类历史上最伟大的军事家，可在他指挥的战役中只有三分之二是胜利的。退一步想，即使总统先生同意将全国的军队都交给你指挥，你也不可能把过去的事挽回。那么，女士们所能做的就只有不为打翻的牛奶哭泣。

▏该放手时就放手

有一段时间，我对打猎产生了非常浓厚的兴趣，因此我经常缠着我的老朋友贝克·利维斯带着我去郊外狩猎，因为他是这方面的专家。有一次，我们两个带着猎枪和两只猎狗到郊外去狩猎。傍晚的时候，我们选择在一条小溪旁边过夜，并在那里支下了帐篷。

那天的晚餐很美味，因为一切都是就地取材，而且还都是天然的。正当我们享用晚餐时，两只猎狗突然狂哮起来，并朝南面飞奔而去。当时我非常害怕，以为遇到了什么凶猛的野兽，于是就问贝克，要不要把猎枪准备好。贝克摆了摆手，对我说："没关系，那只是一只狐狸而已。它可能想从这里经过，但发现我们在这里，于是制造了一些假象，妄图把我们引开。"我感到很新奇，就说："是吗？这真是一种聪明的动物。"贝克点了点头，突然沉默了一会儿，然后很严肃地和我说："真不知道刚才是不是那只狐狸？几年前，我独自一人到这里打猎。当时我不太喜欢用猎枪，而是喜欢用捕兽器，因为我喜欢体会那种等待猎物上钩的感觉。可是你知道，用捕兽器抓住猎物的机会要比用猎枪小得多。一天晚上，当我以为又要空手而归的时候，捕兽器上的铃铛开始响了。开始我以为是一只兔子，后来才发现是只狐狸。看得出来，那只狐狸害怕极了，极力想要挣脱捕兽器。当然，你知道，那是根本不可能的。这时，我从隐蔽处走了出来，准备活捉它。可是，你知道这时那只狐狸做了什么吗？发现我以后，它居然毫不犹豫地咬断了那条被困住的腿，然后向远方逃去。从那以后，我经常到这里来，希望能够再见一次那只勇敢的狐狸。"

这件事给我的印象非常深刻，因为贝克当时的表情令我至今难忘。我曾经想过，那只狐狸的这种做法是不是值得呢？后来，我自己得出了肯定的答案：值得。因为这只狐狸虽然忍受巨大的痛苦，放弃了一条腿，但是却保住了自己的一条性命。我一直在想，其实我们的人生也应该这样。当现实逼迫我们不得不付出非常惨重的代价以前，选择主动放弃小的利益而保全整体利益无疑是最最明智的选择。不过很可惜，很多女士并不和我有一样的想法，她们做事太执着。

三天前，我回到密苏里州去看我的姑妈，我们有很多年没见面了。姑妈看到我很高兴，并埋怨我为什么一直不来看她。我对她说自己真的很忙，但心里一直很挂念她。看得出来，姑妈显得很高兴。可是，就在我问起我的表妹朱丽亚时，姑妈突然变得悲伤起来。

姑妈告诉我，朱丽亚从一年前就开始变得沉默寡言，不愿意与人交往。这些还都是小问题，最主要的是朱丽亚表妹每天都只是吃很少的一点儿东西，搞得她的身体越来越虚弱。我忙问姑妈到底是怎么回事，姑妈对我说，朱丽亚在一年前谈了一个男朋友，一个非常不错的小伙子。两个人相处得非常好，彼此也很爱对方，最后都已经发展到谈婚论嫁的地步。可是，就在这时，那位小伙子却被一场车祸夺去了年轻的生命，离开了朱丽亚。从此以后，朱丽亚就变得郁郁寡欢，终日以泪洗面。

后来，我曾经试图和朱丽亚沟通，劝说她重新振作起来。可是，朱丽亚根本听不进去，并告诉我，自己这一生都要独自守候男朋友。说真的，我为有一个如此忠贞的表妹感到自豪，可我并不赞成她的这种做法。的确，男朋友的死给她带来了很大的打击，也一定会让她很伤心。我个人认为，消沉一段时间是很正常的事情。可是，如果朱丽亚一直这样消沉下去的话，那么自己失去的将不仅仅是男朋友，还包括她的健康和一生的幸福。

我想，大多数女士都会有这样的想法，认为我的表妹太傻了，不应该为了一段已经过去的感情而放弃了以后美好的生活。的确，女士们的想法很对，然而很多女士在面临问题的时候却会和我表妹做出一样的傻事来。

华盛顿婚姻家庭研究机构主席，两性心理学专家鲁贝尔·勃兰特曾经说："很多女性在遇到一些问题，特别是情感问题的时候，往往会变得丧失理智。她们变得非常执着，不懂得放弃的重要性。在她们眼里，只有过去所拥有的，而没有未来将要出现的。那个时候，没有什么东西会让她们害怕，因为她们心中只有那唯一的目标，不管是对是错。"

可能有一些女士会问："卡耐基先生，我们真的被你搞糊涂了。我一直都认为，要想成功，执着是必需的。没有执着的信念，遇到一点问题就退缩，那还如何走向成功？你不是一直都认为，成功的道路上存在着很多困难，能最终取得成功的都是那些坚持到最后的吗？"

没错，现在我依然坚持我的观点，但是那么做的前提是你选择的道路是正确的、有意义的、有价值的。如果是那样的话，我永远站在支持者的角度。相反，如果一件事根本不值得去坚持，但女士们却偏偏不肯放手的话，那么结果并不是取得成功，而是让自己坠入最痛苦的深渊。

三年前的一个晚上，我儿时的伙伴朵拉·卡莫斯突然来到我家。对于她的到来，我感到非常吃惊，因为我们已经有好几年没有联系了。一阵寒暄以后，我问朵拉最近过得如何。朵拉苦恼地说："糟透了，戴尔，我真的不想再活下去了。"我赶忙问她是怎么回事，朵拉告诉了我事情的原委。

原来，五年前，朵拉和一个名叫麦克的男人结婚了。早在结婚之前，她的朋友就劝说她，不要和麦克在一起，因为他是出了名的花花公子。其实，朵拉自己也知道，麦克对她并不忠诚，因为她曾经见过麦克和别的女人约会。可是，朵拉思来想去，最后还是决定和麦克结婚，因为她自认为麦克还是爱她的。

婚后，麦克的本性完全暴露出来，经常整夜整夜地不回家。同时，麦克还把家庭的重担都交给了朵拉，而自己却每天吃喝玩乐。不光这样，如果朵拉胆敢有一丝不满，麦克就会马上拳脚伺候。当时，很多人都劝朵拉和麦克离婚，因为和这种男人在一起根本不会有幸福。可是，朵拉还是选择了忍受，因为她觉得麦克一定会改过自新的。

后来，他们又有了孩子，这使朵拉更加不愿意和麦克离婚。于是，朵拉只得默默忍受命运的折磨，终日生活在痛苦之中。

欧洲有一首流行非常广泛的谚语：有人为了得到一颗铁钉而失去一块马蹄铁，接着又为了得到一块马蹄铁而失去了一匹骏马，然后又为了得到一匹骏马而失去了一名优秀的骑手，最后为了得到一名骑手而失去了一场战争的胜利。因此，我们可以得出这样的结论：那个人因为一颗铁钉而输掉了整个战争。这正是不懂得放弃造成的恶果。

女士们，我们必须承认，每个人的生活都不会是一帆风顺的。有时候，一切悲惨的、可怕的、让人伤心的、令人痛苦的境遇会悄悄降临，使我们感到措手不及。这时我们应该怎么办？难道是要"坚定"地坚持？不，我认为我们更应该学会放弃，放弃那种使自己焦躁不安、痛苦难耐的心理，让自己能够有一颗平静的心去耐心等待生活出现转机。曾经有一位哲人说："放弃是一种最高的境界，也是一种很难的选择。然而，这种境界和选择却是在我们面对人生际遇时所必须具备的。放弃可以让我们对自己的生活和整个人生拥有一种超脱自然的关照。我们不应该害怕，就算我们不能达到那种超然的境界，学会放弃也会让我们的生活变得洒脱一些。"

事实上，凡是那些成功人士都非常懂得放弃的重要性。被称为"贸易天才"的纽约卡波司贸易公司的董事长卡波司·塔科尔曾经说："在商界，要想获得成功，坚持到底是非常重要的。我的合作伙伴就是因为不能坚持到底而失去了成功的机会。然而，在我看来，懂得放弃同样是一条非常重要的原则。当我投资于某个项目的时候，我都会密切关注它的发展态势。不管这个项目在别人看来多么有前景，只要我认为它没有发展前途，那么就会马上撤回资金。我承认，有时候我也有看走眼的时候，也确实让我损失了一部分。但是，这远比那种因为盲目的投资给我带来的损失小得多。我经常对员工说，如果一件事是正确的，那么我们就要坚持到底；如果这件事在中途发生了变化，成为了错误的，那么我们就要马上放弃。"

难怪卡波司在商界一直都立于不败之地，就是因为他懂得该放手时就放手，从而避免了很多不必要的损失。女士们不妨也学一下卡波司，学会在必要的时候选择放弃。

女士们，真正心灵成熟的人往往知道在什么时候该选择坚持，什么时候该选择放弃。不理智的坚持和懦弱的退缩一样，都是一种不成熟的表现。因此，女士们应该锻炼自己，使自己有一双慧眼和一颗坚定的心，在该坚持的时候一定不能放弃，而在该放手的时候则要毫不犹豫的选择放弃。

平静、理智、克制

在我们身边，经常会看到一些这样的女士。她们脾气暴躁，为了一点点小事就会大发一顿脾气。倘若稍不如意，他们也会愤怒不已、火冒三丈。虽然女人不一定都像男人那样在发怒的时候大打出手，但还是很容易丧失理智，从而出言不逊，导致人际关系受到影响。当然，我知道，很多人在冲动地发怒之后都会觉得追悔莫及。

我理解女士们的心情，当你们遇到不公正的待遇或是受到什么委屈的时候，选择发脾气这种方法来宣泄的确是个不错的主意。然而，女士们有没有想过，这种方法能给你们带来什么？能够让问题得到解决？还是让对方一起和你分享快乐？我想两者都不是。你的这种做法只会换来别人的反感、厌恶甚至反抗。威尔逊总统曾经说："如果你是握紧一双拳头来见我的话，那么我绝对会为你准备一双握得更紧的拳头。可是，如果你是对我说：'我们还是坐下来好好谈谈，看看分歧究竟在哪？'那么我将会非常高兴地同意你的意见，而且我们也会发现彼此之间的距离并不很大，而且观点上也没那么大差异。其实，我们之间还是有很多地方存在共同语言的。"

很多女士往往把发脾气看成是人类的天性。的确，人是情感最丰富的动物，会根据他的判断对事物做出反应。因此，在一定程度上，我同意那些女士的看法。可是，女士们有没有想过，真正喜欢发脾气的是那些小孩子，因为他们的心智还不够成熟，克制力也不够强。也就是说，他们的人性的表现更加突出一些。可是，作为成年人，女士们应该拥有成熟的心理，也就是说能够做到平静、理智、克制。

曾经有一位女士对我说，她不认为我所谓的"平静、理智、克制"很重要，因为在当今的美国，那也是"懦弱"的代名词。如果她不能以愤怒来反抗一些事情的话，就不能给自己争取到一些合理的权利。事实果真如此？我不这么认为，因为我的朋友蒂斯娜女士就没有和她那个"吝啬"的房东发脾气，但却达到了她的目的。

蒂斯娜女士住在纽约的一家公寓里。前段时间，她的经济状况出现了一点问题，而这时房东却突然提出要抬高她的房租。老实说，蒂斯娜女士当时真的非常气愤，因为房东的行为的确有点"趁火打劫"的味道。不过，最后还是理智战胜了发热的头脑，蒂斯娜女士决定采用另一种方法来解决这个问题。她给房东写了一封信，内容是这样的：

亲爱的房东先生：

我知道，现在房地产的行情的确很紧张。因此，我能够理解您增长房租的做法。我们的合约马上就要到期了，那时我不得不选择立刻搬出去，因为涨钱后的房租对我来说有些难以接受。说真的，我不愿意搬，因为现在真的很难遇到像您这么好的房东。如果您能维持原来的租金的话，那么我很乐意继续住下去。这看起来似乎不可能，因为在此之前很多房客已经试过了，结果都以失败而告终。虽然他们对我说，房东是个很难缠的人，但我还是愿意把我在人际关系课程中所学到的知识运用一下，看看效果如何。

效果如何呢？那位房东在接到蒂斯娜的信以后，马上带着秘书找到了她。蒂斯娜很热情地接待了房东，并且一直没有谈论房租是否过高的问题。蒂斯娜很高明，只是不断地在和房东强调，她是多么喜欢他的房子。同时，蒂斯娜还不停地称赞他，说他是一个深谙管理之道的房东，而且表示愿意继续住在这里。当然，蒂斯娜也没有忘记告诉房东，自己实在负担不起高额的房租。

很显然，那个房东从来没有从"房客"那里受到过如此之礼遇。他显得很激动，并开始抱怨那些房客的无礼。因为在此之前，他曾经接到过 14 封信，每一封都是充满了恐吓、威胁、侮辱的词语。最后，在蒂斯娜女士提出要求之前，房东就主动提出要少收一点租金。蒂斯娜又提出希望能再少一点，结果房东马上就同意了。

后来，蒂斯娜在和我谈论起这件事的时候说："我真的很庆幸当时没有随便地乱发脾气。虽然那还不至于让我露宿街头，但确实会给我带来很多不必要的麻烦。"是的，女士们，这就是平静、理智、克制的好处。它能让你找到解决问题的最佳途径。

女士们，假如你的财产被别人破坏、你的人格受到别人的侮辱，那么你们会怎么办呢？我想，女士们一定会说："那还能怎么办？当然是做好一切准备，和那些可恶的家伙大干一场。"如果小洛克菲勒在1915年的时候也和你们一样的话，相信美国的工业史就要改写了。

那一年，小洛克菲勒还不过是科罗拉多州的一个很不起眼的人物。当时，那个州爆发了美国工业史上最激烈的罢工，而且时间持续了两年之久。那些工人显然已经愤怒到了极点，要求小洛克菲勒所在的钢铁公司增加他们的薪水。同时，失去理智的工人开始破坏公司的财产，并将所有带有侮辱性的词语送给了小洛克菲勒。虽然政府已经派出军队镇压，而且还发生了流血事件，但罢工依然没有停止。

如果真的按照上面那些女士的想法去做，相信她们一定会要求政府严惩那些"暴徒"。可是，小洛克菲勒却没有。相反，他会见了那些罢工的工人，并且最后还赢得了很多人的支持。这一切都要归功于他的那篇感人肺腑的演讲。

在演讲中，小洛克菲勒非常平静，没有显出一点愤怒。他先是把自己放在工人朋友的位置上，接着又对工人的做法表示理解和同情。最后，小洛克菲勒表示，他愿意帮助工人们解决问题，而且他永远站在工人一方。

当然，他的演讲远没有这么简单，不过的确是一种化敌为友的好办法。相信，如果小洛克菲勒与工人们不停地争论，并且互相谩骂，或者是想出各种理由来证明公司没有错的话，结果一定会招来更加愤怒的暴行。

我的偶像，美国历史上最伟大的总统之一亚伯拉罕·林肯曾经说过："当一个人的内心充满怨恨的时候，就会对你产生十分恶劣的印象，那么即使你把所有基督教的理论都用上，也不可能说服他们。看看那些喜欢责骂人的父母、骄横暴虐的上司、挑剔唠叨的妻子，哪一个不是这样？我们应该清楚地认识到：最难改变的就是人的思想。但是，如果你能够克制住自己的愤怒，以冷静、温和、友善的态度去引导他们，那么成功的可能性将大很多。"

　　对林肯的观点我表示同意，而且我还给他找到了一条理论依据。有一个非常古老的格言："一滴蜂蜜要比一滴胆汁更容易招来远处的苍蝇。"对于人来说也是一样。我们想要解决问题，无非就是想要对方同意我们的观点。然而，你想获得别人的同意，首先就要做对方的朋友。你要让他们相信，你是最真诚的。那就像一滴蜂蜜灌入了他们的心田，而并不是一滴腥臭的胆汁。

　　当还是一个小男孩的时候，我曾经从隔壁的泰勒叔叔那里借阅过《伊索寓言》，其中一则寓言给我的印象非常深刻，那是有关太阳和风的故事。

　　一天，太阳和风在一起讨论究竟谁更有威力。风显然很自信，高傲地说："我当然是最厉害的，因为所有人都害怕我的怒火。看到没有，我一定会用我的愤怒吹掉那个老人的外套。"于是，太阳躲到了云后面，而风则开始愤怒地吹起来。可是，虽然风已经很卖力气了，但老人却把大衣越裹越紧。最后，风终于放弃了，因为它觉得那是个坚强的老头，自己无法征服。这时，太阳从云后出来了，笑呵呵地看着老人。不久，老人就开始擦汗，脱掉了自己的外套。结果很显然，与冲动、激动、不理智的愤怒比起来，温和友善的态度更有效。

　　能够做到平静、理智、克制不仅可以帮助你们妥善地解决所遇到的各种问题，而且对女士们的身心健康也是非常重要的。女士们回想一下，当你们想要爆发的时候，是不是有这样的感觉？你们会不会觉得心跳在加快、血压在上升，呼吸也变得急促起来？没错，这是由于交感神经过于兴奋引起的。洛杉矶家庭保健研究协会主席阿马尔·杜兰特曾经说："那些爱发脾气的人很容易患上高血压、冠心病等疾病。同时，情绪上太波动还会使人感觉食欲不振、消化不良，从而导致消化系统疾病。而对于那些已经患有这些疾病的人，发脾气也会使他们的病情更加恶化，严重的还会导致死亡。"

　　我不知道女士们是怎么想的，反正我看到这里的时候真的开始为自己担忧，因为我以前也曾经为了一点小事发脾气。不过幸运的是，我现在已经不会了，因为我现在已经有了一套很好的解决办法。

如何做到平静、理智、克制 >>>

·时刻提醒自己；

·警告自己要注意健康；

·先学会做事不冲动；

·采用各种方式缓解压力。

　　也许这些方法并不一定适合所有的女士，但却是给女士们提供了一些建议。你们不妨把它们当作蓝本，然后再结合自己的情况做出调整。我相信，做到平静、理智、克制并不是一件不可能的事。

练就坚韧的意志品质

在我家的附近有一家汽车租赁店，店主是一位名叫埃德华·道斯的人。我们相处得非常不错，因此经常在一起聊天。有一次，我们谈论起一个话题，双方都认为凡是那些能够取得成功的人都有一个共同的特点，那就是拥有着非凡的、坚韧的、超乎常人的意志品质。其间，埃德华突然问我："你是否知道那位被称为'海中礁石'的纳尼德·巴德奇？"我点了点头，并问他是不是一位精通航海术的人。埃德华点头说："没错，就是他！在 10 岁以前，他就已经开始采用自学的方式学习有关拉丁文的知识了，所以他才能在那时研读牛顿所写的《数学原理》。在 21 岁那年，他已经是一位非常优秀的数学家了。后来，他又迷上了航海，于是转学航海术。听说，他还写过一本关于航海术方面的专业书，还被业内人士称为经典。难以想象，这样一个没有接受过正规教育的人居然能做出这样的成绩来。"

没错，纳尼德·巴德奇的确非常伟大，因为他是在克服了重重困难的条件下取得成功的。我想，从来没有人对他说："你这个人无药可救，想成为科学家简直就是在做梦，因为你没有获得过正规的大学教育。"正因为此，纳尼德·巴德奇才给自己练就出了不畏困难的坚韧的意志品质，不顾一切地向着自己的目标前进，采用自学的方式获得了自己需要的知识。对于这类人来说，没有什么意味着不可能，"困难"不过是一个词而已，因为他们有着十分坚韧的意志品质。

然而，很多女士是怎么做的呢？她们会对别人说："不，我不可能成功！其实，并不是我不想成功，而是真的太困难了。我没上过大学，我的身体不好，我家里太穷，我经历过失败，还有……"还有什么？还有数不清的借口。其实，这些都是一种脆弱的表现。那些女士被困难吓得退缩，被外界条件束缚住了手脚。她们不知道该怎么办，也不考虑该怎么办。对于她们来说，最好的办法就是不去招惹那些困难和麻烦。

我想，没有任何东西比疾病更能摧残人的意志了。可事实上，很多成功人士都患有让人"胆寒"的疾病。相信女士们对罗伯·路易·施蒂文森一定不陌生，但你们是否知道，他一生都被疾病所折磨，但却从未让疾病影响过自己的生活和工作。凡是与他交往过的人都有这样一种感觉，施蒂文森永远都是快乐的，并且还把这种精神力量注入到他的作品中。相信，如果施蒂文森没有坚韧的意志品质的话，他是绝对不会在文坛中取得骄人的成绩的。

如果女士们还把他当成一个特例的话，那么就看看历史上的那些人物吧。拜伦爵士的脚是畸形，朱丽亚斯·凯萨是个癫痫病患者，贝多芬在中年后就变成了聋子，拿破仑是个被人小看的矮子，莫扎特一直饱受肝病的困扰，富兰克林·罗斯福是个小儿麻痹症，而女作家海伦·凯勒则在小的时候就是聋哑人。

女士们想象不到吧？在这些取得辉煌成就的人的背后竟然隐藏着如此巨大的困难和痛苦。然而，他们从来没对别人说过："不行，这些条件制约了我，我不能前进了。"相信女士们一定都非常羡慕好莱坞著名的女影星莎拉·贝拉。的确，能够成为所有男人心目中的偶像是一件让人兴奋的事。可是，女士们是否知道，这位大明星在小的时候被人称为"丑陋的私生女"，而且还有一段非常悲惨的童年生活。然而，她没有退缩过，而是凭借坚韧的意志品质战胜了所有的困难，终于成为好莱坞的"女神"。

女士们，只有具备坚韧的意志品质的人才具有真正成熟的心灵。他们从来不会让困难挡住自己的去路，而是勇敢地、坚强地面对困难、接受困难，同时还会想尽办法加以克服和解决。这些人从来没有求过饶，也没有绝望过，当然更不会去找任何借口来逃避现实。

著名作家罗阿·斯梅斯曾经写过一本非常具有鼓舞性的传记——《在死神面前的完整生命》，书中讲述的是有关爱慕耳·哈姆的事迹，那个出生在俄亥俄州的可怜的女婴。

当爱慕耳降生的时候，接生她的医生对她父母说："这个婴儿不会存活太长时间。"可是，爱慕耳还是坚强地活了下来，而且一直活到了90岁。虽然在生命中的每一天里，她都要忍受因右半身严重受伤而带来的痛苦，但她却始终没有向死神低过头。她知道自己不可能从事任何体力劳动，因此就开始把所有的精力都投入到阅读之中。后来，在28岁那年，她加入了卫理公会，成为了一名传道士。

女士们千万不要以为爱慕耳以后的生活就是一帆风顺了，实际上她曾经遇到过两次足以致命的事故。然而，她从未因此而退缩，也没有放弃自己的信念。后来，她的行为引起了一位大商人的注意，并且在经济上给予了她很大的帮助。就这样，经过几个月的治疗，这位在死神宫殿游历一周的女士终于回到了人间。

后来，爱慕耳将自己所有的精力都投入到了公益事业中。她兴建教堂，创立基金，而且经常给附近的学校和医院提供帮助。在七十岁的时候，她终于选择退休，但却从未停止过工作。她把自己通过各种途径，包括讲道、写书、募捐等获得来的钱全部用在了教育上。临死前，这位老妇人已经是 20 多所专业学校和一所大学的名誉董事了。

在爱慕耳·哈姆女士的脑海里，根本没有"困难"这个词。她心中只有一个信念，那就是自己是一个有生命的个体，而且这个生命是有其自身的意义的。她活了 90 年，而且将所有的时间都充分地利用了。同时，爱慕耳·哈姆已经成为"勇气""坚韧"等的代名词。

也许我上面所说的那些话会让一部分女士哑口无言，但另外一部女士则会对我说："卡耐基，我们非常同意你的意见，也很愿意按照你说的去做。不过，很可惜，一切都已经太晚了，我们错过了最好的时机。如今我已经结婚，还是几个孩子的母亲，因此我根本没有机会也没有精力去面对现实的挑战。"

的确，我也承认，如今的社会越来越强调年轻与活力，但这并不代表其他人就不能成功。我想，抱有那些想法的女士没有一位已经 70 岁了吧？与那个年龄相比，你们的机会还要多得多。我在纽约讲课的时候，曾经遇到过这样一位学员。她的名字叫波尼，是一位身材矮小，而且已经 70 岁的女学员。她曾经直言不讳地对我说，她自己真的不知道究竟该如何度过她剩下的时间。

波尼女士曾经在一所学校当过教员，后来因为一些原因被强制退休。为了维持生计，她不得不整天忙于奔波。当然，这对她的经济和精神都是很重要的。在她"众多"的工作中，有一份是她非常喜爱的，那就是到幼儿园去给孩子们讲故事。为了达到最好的效果，波尼总是精心挑选出故事，并且还配上了幻灯片。

当时我问她为什么不考虑把这当成她的事业。也许是受了我的鼓舞，也许是从我这儿得到了启发，总之当时她显得很高兴，并且告诉我自己已经决定开始她的晚年事业了。她对我说，年纪不是困难，也不是障碍。事实上，年纪大反而是她的优势，因为她现在凭借多年的教学经验，能够把那些故事讲得更加形象、生动。

不过，事情并不像她想象得那么乐观，前面有很多困难在等着她。首先，资金就是一个很大的问题，因为没有人愿意把钱投给一个已经 70 岁高龄的老妇人。然而，波尼并没有退缩，而是找到了"福特基金会"，因为她知道，这个组织一直都热衷于文化推广工作。她给基金会递上了一份详尽的计划书，而且还当众给其中的成员试讲了一个故事。试讲的效果非常好，于是基金会决定资助她。最后，这位波尼女士通过自己独特的方式，赢得了很多人的喜欢。

女士们，如果波尼也抱怨说："天啊，我已经太老了，根本没办法再工作了。"那么今天的美国就会有成千上万个儿童听不到世界上最有趣的故事。她正是凭借自己坚韧的意志品质，藐视了摆在她面前的所有困难，并且把自己的想法付诸于行动，才最终取得了成功和胜利。

当我还是个孩子的时候，我曾经认为自己身材太高是一种不正常的表现，因此感到很自卑。许多年后，我终于明白，事实上身高和其他条件一样，可以给我们带来好处，也会给我们带来坏处。而这一切，主要取决于我们的态度。那些不成熟的人总是会把自己与别人不一样的地方看成是一种缺陷、困难、障碍，然后内心渴望自己得到别人的帮助。然而，那些真正心智成熟的人则不是，他们总是先看清自己与别人的不同之处，然后坦然接受它们，继而想办法进行弥补。萧伯纳非常轻视那些面对困难而选择退缩的人，他说："很多人都习惯性地抱怨自己的处境不好，进而埋怨环境导致他们不能取得成就。我从来不相信这类鬼话。如果你真的没有心中所希望的那种环境，那为什么不自己去制造一个？"

女士们，迈向成熟的第一步就是让自己练就出坚韧的意志品质。因此，你们不能再犹豫了，而是应该马上行动起来。

如何练就坚韧的意志品质 >>>

· 多读一些人物传记；

· 对自己充满信心；

· 尝试着藐视一切困难；

· 不要给自己找任何借口；

· 勇于承担一切责任。

第四章

女人有魅力，气场才强大

魅力是女人的力量，正如力量是男人的魅力。

——［英］蔼理斯

举手投足尽显风雅

我曾经在新德克萨斯州举办了一个培训班，主要讲授如何与人相处的课程。一天，我正独自一人坐在办公室思考问题，突然一阵急促的敲门声打断了我的思路。还没等我开口说"请进"，一位女士就风风火火地闯了进来。

只见这位女士大大咧咧地走到我的面前，顺手拉了一把椅子坐了下来，开口说道："你是卡耐基先生吗？我有一些事情想请你帮忙。"我点了点头，笑着说："是的，女士，不知道有什么可以为您效劳的。"女士对我说："我以前学过文秘，应该说我十分适合做秘书。可我不明白，为什么到现在为止仍然没有人愿意雇用我？"在她和我说话的时候，我仔细观察了一下，发现这位女士在举止上有很多不妥的地方。比如，她靠在椅子上的身体是倾斜的，腿也在不停地抖动着，眼睛四处游离，双手也不知该放在什么地方。最让人接受不了的是，这位女士还会偶尔做出挖耳朵的动作来。

听完女士的诉说后，我问道："请问女士，您认为一个合格的秘书应该具备哪些素质？"女士有些满不在乎地说："很简单，有能力、会打字，当然还要漂亮和有气质。"我顺着这位女士的回答说："那您觉得什么是气质？"女士有些语塞，不过她还是说："这……总之那是一种让人看起来很舒服的东西。嗨！卡耐基先生，你在做什么？你不觉得这个样子很不得体吗？"

原来，就在女士说话的时候，我把脚放到了办公桌上，心不在焉地听她讲话，而且还时不时地做出挖鼻孔的动作。那位女士显然到了忍无可忍的地步，大声说："卡耐基先生，您是一个有身份的人，怎么可以做出这样的事情来？您要知道，您的一些小举动很可能会影响到您在别人心目中的良好印象！"这时，我马上回到了原来的样子，并对她说："女士，您说得很对，相信没有人愿意要我这样的人做员工，因为我看起来让人生厌。不过女士，我不得不告诉您，我刚才的举动其实是和你学的。"女士听完我的话后没有说什么，因为她知道自己的确是有这方面的问题。她点了点头说："谢谢你，卡耐基先生，我知道该怎么做了！"

据说，那位女士后来参加了一个礼仪和形体训练班。如今，她已经如愿以偿地成为了一家大公司的秘书，而且做得还非常不错。

女士们，现在是你们思考问题的时候了。为什么以前那位女士总是找不到合适的工作，而在她参加完礼仪和形体训练班之后就找到了呢？是因为她的能力有所提高了？显然不是，因为礼仪和形体训练班上课不会教她如何当好一个秘书。事实上，正是因为女士改变了自己不得体的仪态，所以才最终改变了自己的命运。

我知道，很多女士都梦想着自己不管走到哪里都能获得所有人的青睐。为了做到这一点，她们不惜花费大量的金钱和精力来塑造自己的外表。化妆品、文胸、丝袜、漂亮的衣服、昂贵的首饰等，这些东西无疑都成为女士们的首选。在他们看来，穿着性感、珠光宝气、浓妆艳抹的女人才是最有魅力的。

其实，女士们的这种观念是错误的。我首先澄清，我并不是否认外表的重要性。事实上，一个漂亮迷人的女人的确要比一个相貌平平的女人更容易获得好感。然而，芝加哥大学心理学院的教授卢克斯·托勒却说："每一个人对美的认识都是不一样的，因此每一个人的审美观念也不尽相同。然而，所有人在对事物进行评判的时候，都会考虑内在和外在两个方面。其实，很多人有一个错误的观念，那就是把人的内在美和外在美看成是两个互不相关的部分。实际上，内在美与外在美是密切相关的。在很多时候，人们完全可以通过外在的形式来展示自己的内在美，这也就是我们能通过外在的接触来感觉到对方的内在美。特别是对于女人，如果她们想要让自己充满魅力，外在的表现形式是非常重要的。当然，这不仅仅是通过化妆和穿衣。"

卢克斯教授的这番话是在一次演讲中提到的，我当时是台下的一名听众。等演讲结束之后，我专程拜访了卢克斯教授，并和他深入地探讨了有关"美"的问题。我问教授："您在演讲中所说的那种用外在形式来表现内在美究竟是什么意思？"教授笑了笑，说："怎么，戴尔？你不明白吗？其实，我说的那种内在美也可称为气质，而那种外在的表现形式就是平时的一举一动，也可说是举手投足。"

的确，卢克斯教授说的这一点很重要，而且它也往往会被女士们所忽视。实际上，真正能体现女士内在气质的关键，就是在这举手投足之间。英国著名演员卡瑟琳·罗伯茨是平民心目中的女王、贵妇人，因为她塑造的角色都是诸如王公贵妇、豪门千金这一类的角色。应该说这些角色很不好处理，因为她们要求演员必须能够演出那种高贵的气质。卡瑟琳·罗伯茨出生于一个普通的农民家庭，那么她是如何做到这一点的呢?

　　有一次，我到伦敦去采访这位著名演员。其间，我问她是如何成功地塑造出那么多尊贵的形象的。卡瑟琳回答说："在进入影视圈以前，我不过是一个普通人而已。我没进入过上流社会，因此不可能成功地塑造角色。当我第一次接到这类角色的时候，心里害怕极了，因为我不知道自己该怎么演。如果我不能把握那些生活在上流社会的人的"神"的话，那么观众有可能就会认为电影里那个人不过是一个穿着华丽衣服的乡下姑娘而已。为了让自己演得逼真，我开始留心观察那些贵妇人。

　　"在最初的时候，我只是留心她们的衣装打扮、语言谈吐，但我发现那些根本帮不了我。因为我虽然已经尽力去模仿了，但在别人眼里我依然是个下层社会的人。后来，我开始更为细致地观察她们，发现那些贵妇人虽然有时候穿的是很普通的衣服，但同样能看得出她们来自上流社会。最后，我终于发现，原来这些人真正的魅力是体现在平时的举手投足之间。有时候，仅仅是一个非常细微的动作，却能够体现出无尽的风雅来。于是，我开始学习她们的一举一动，而且还特意参加了一些礼仪课程。现在，我终于能够将那些贵妇人演得活灵活现了。不过坦白说，与其说我是在演贵妇人，还不如说就是在演我自己的生活。"

　　卡瑟琳真的很聪明，因为她发现一条让自己跻身上流社会的捷径。我们必须承认，贵族并不能单单以财富、金钱和地位来衡量。他们最显著的标志还是其身上特有的气质。一个家族的气质并不是一两代人就能塑造出来的，那是经过几百年的沉淀积累而成。诚然，女士们不可能在短时间内学会人家这种经过几代演变的内涵，但我们却可以通过训练使自己在举手投足之间显露出风雅来。女士们现在一定迫不及待地想要知道究竟该怎么做？我这里有一些小的意见和方法，也许会对女士们有帮助。

如何让自己做到魅力四射

· 培养自己的自信心；让自己的身体保持柔软；

· 训练得体的坐姿；经常散步；

· 注意形体与声音语言的搭配；学学跳舞；

· 做一些形体训练；补充足量的水分；

· 适当休息，让自己保持健康。

第一点是非常重要的，因为如果你想做一个有品位有气质的女人，那么你首先要做的就是相信自己。如果你没有自信，那么你就不可能有勇气和能力去面对现实，更加不会有心思去培养自己的魅力。第二点到第七点是教女士们如何做一些必要的训练。最后两点是教女士如何做好自我保健。

女士们，要想真正成为众人眼中最耀眼的明星，要想让自己成为最受欢迎的人，那么请你们不要在为自己平庸的外貌感到忧虑。相信我，只要你们使自己拥有了非凡的品位和气质，那么你们就一定会成为世界上最有魅力的女人。

如果女士们觉得上面的方法太麻烦，自己也没有那么多空余时间去搞什么训练。那么，我再教女士们一种快捷的方法。首先女士们要在心里告诉自己："我想要获得所有人的瞩目，我要成为最风雅的女士，因此我必须训练自己的仪态。"然后，女士们到街上买一本有关礼仪的书，把它从头到尾读一遍。接着，女士们要找一面镜子（要那种能照全身的镜子），在镜子面前做各种动作。这时，你们就要以书上写的为基本准则，只要发现自己有哪些不妥的地方就马上更正。这不会浪费你们很多时间，你只需在每天晚上睡觉前做半个小时就够了。

最后，我还要提醒各位女士，你们一定要在平时多留意自己的一些习惯性动作。有时候，这些小的动作会让你们远离"风雅"，比如挖耳朵。

我相信，只要女士们将自己的仪态训练得大方得体，那么你们就一定会成为一个风雅女人。

┃做自己情绪的主人

那是很多年前的事了，那时候我的事业才刚刚起步。女士们都知道，创业初期是很累人的，每天似乎都有忙不完的事。于是，为了减轻自己的负担，我决定请一个女秘书。后来，在一位朋友的介绍下，我雇用了一位名叫丽莎的小姑娘。我必须承认，丽莎的能力很强，的确让我轻松了很多。然而，只要是人就一定会犯错误，丽莎也不会例外。

这天，我在检查文件的时候发现，丽莎居然粗心地把一份很重要的文件搞错了。当时的我也并不成熟，所以就狠狠地批评了丽莎一顿。后来，当冷静下来的时候，我觉得自己的做法有些不妥，于是又向丽莎道了歉。

本来，我以为这件事很快就会过去，然而却并非如此，丽莎从此变得一蹶不振。她是个挺细心的姑娘，平时很少出错，可从那以后，她的工作却频频出错。不光这样，我还发现她工作的时候常常心不在焉，有时候我连叫几声她都听不见。我不知道丽莎是怎么了，难道就是因为我批评了她？不，我觉得不应该是，因为被别人批评也是一件很平常的事，不应该给她造成这么大的影响。

几天以后，我的那位朋友打电话给我，问我丽莎最近是不是出了什么事。我把丽莎的工作情况简单说了一下，并问他是如何知道的。朋友告诉我，丽莎的父母找到他，说丽莎最近变得沉默寡言，而且还非常容易发脾气，常常因为一件小事就和父母大吵一架。我似乎已经明白了其中的原因，于是在挂掉电话以后，我把丽莎叫到了办公室。

我问丽莎："有什么可以帮你的吗？我知道你最近的情绪很不好！首先，我为我那天的行为道歉，因为我的行为受到了情绪的控制。真是对不起！"

丽莎对我说："不，卡耐基先生，这和你没有什么关系！即使你今天不找我，我也正打算向您辞职。实际上，从那次您批评我之后，我就对自己丧失了信心。现在，我根本没有办法集中精神工作，因为我老是担心出错。可我发现，我越是担心就越出错。不光这样，每天回到家的时候，我不愿意和父母多说话，而且心情非常烦躁，常常和父母吵架。对不起，卡耐基先生，我真的做不下去了，因此我还是决定辞职。"

老实说，当时我真的很想帮助丽莎，可是我却想不出一个好的办法。无奈，我只好同意了她的请求。事后，我专程前往华盛顿，到那里去拜访美国著名的心理学家约翰·华莱士，希望从他那里得到一些好的建议。

华莱士告诉我："丽莎这种做法是典型的情绪失控，而戴尔你也差一点做出同样的蠢事。从严格意义上讲，情绪不过是一种心理活动而已，但你千万不能小看它。事实上，它和一个人的学习、工作、生活等各个方面都息息相关。如果一个人的情绪是积极的、乐观的、向上的，那么这无疑就有益于他的身心健康、智力发展以及个人水平的发挥。反过来，如果一个人的情绪是消极的、悲观的、不思进取的，那么这无疑就会影响到他的身心健康，阻碍他智力水平的发展以及正常水平的发挥。"

我同意他的说法，于是追问道："那有什么办法能够解决这个问题吗？"

华莱士笑了笑："很简单，做自己情绪的主人。"

女士们，不知道你们在读完上面的故事以后有什么感想？是不是觉得自己有时候也和丽莎一样？有人曾经说，女人是最情绪化的生物。我对这句话有些意见，因为它的言外之意就是说女士们都无法控制自己的情绪，都是情绪的奴隶。虽然不愿意承认这是真的，但事实却让我哑口无言。很多女士都被自己的情绪所拖累，似乎所有的烦恼、忧闷、失落、压抑和痛苦等全都降临到自己的身上。她们的生活没有了快乐，开始抱怨这个不公的世界。她们每天都祈祷上帝，希望她能早一天将快乐降到自己身上。

其实，女士们何必如此呢？人是世界上感情最丰富的动物，也是情绪最多的动物。喜、怒、哀、乐对于每一个人来说都是再正常不过的事情了，何必让那些小事打扰了我们正常的生活呢？其实，女士们只要进行一定的自我调整，是能够让自己成为情绪的主人的。可是为什么还是有很多女士做不到这一点呢？答案就在下面的这个例子中。

有一次，我的培训班上来了一位非常苦恼的女士。她对我说："卡耐基先生，帮帮我好吗？我真的难过死了！"我问她究竟发生了什么事。她回答我说："是这样的，我真的受不了自己的脾气了（请注意，她是说自己的脾气，而不是情绪。显然，她没有认识到本质的问题）。我不明白，为什么身为一个女人我竟然会如此的情绪化？我管不住我的脾气，经常会因为一些鸡毛蒜皮的小事大发脾气，有时候还又哭又闹。我知道这样做不好，可我也没办法。"我说："既然你知道自己的问题所在，为什么不试着控制它呢？"女士显然有些激动，大声说："我怎么没有控制？我试过了，可那根本不管用！一切都发生得太快了，我还没来得及多想就已经做出了判断。事实上，这一切都不是出自我本意的。"

女士们，你们找到答案了吗？实际上，人之所以会被情绪控制自己，主要是因为当人们周围的环境变化得过快时，人们的潜意识会告诉自己："不，决不能让自己受到伤害，我一定要保护自己。"的确，这时候人的情绪就会指导人将自己变成一只蜷缩好的、准备战斗的刺猬，会毫不留情地攻击给你施加伤害的人。这也就是我们所说的情绪失控。

其实，很多女士都知道控制情绪的重要性，不过她们在遇到具体的问题的时候却往往会败下阵来。她们会说："我知道控制情绪的重要性，也梦想着成为情绪的主人。可是，控制情绪实在是一件太困难的事情了。"显然，她们是在向别人表示："我做不到，我真的无法控制自己的情绪。"还有的女士习惯于抱怨生活，她们总是说："我大概是世界上最倒霉的人了，为什么生活会对我如此不公？"言外之意就是在对别人说："这不能怪我，是生活环境逼迫我这样做的。"正是这些看似合理的借口使女士们放弃了主宰自己情绪的权力。她们在这些借口中得到安慰和解脱，从而没有勇气去面对失控的情绪。

因此，女士们如果想主宰自己的情绪，成为情绪的主人，首先就要让自己有这样的信念：我相信自己一定可以摆脱情绪的控制，无论如何我都要试一试。只有这样，女士们的主动性才能被启动，从而真正战胜情绪。的确，让自己拥有自我控制意识，是打赢这场战争的最关键一步。

罗琳是位情绪化非常严重的女士，经常会和身边的朋友大吵大闹。其实，她对此事也非常苦恼，因为这使她失去了很多朋友。为了能够帮助自己，罗琳报名参加了我的培训课。然而，几天下来，罗琳似乎并没有得到她想要的东西。于是，她在私下里找到了我。

她问我："卡耐基先生，你说的那些道理我都明白，可是我到现在还是不知道该如何解决我的问题。事实上，你的课程并没有给我提供很大的帮助。"

我回答说："是吗？好，那我首先要弄明白你是否愿意改正你的缺点？"

罗琳又开始激动了，她没好气地说："你在说什么？难道我不想改正吗？如果是那样的话，我就不会来到这里听你讲课了。你以为改变一个人真的那么容易吗？我现在已经坚信我不可能改正这个错误了。"

我笑着对她说："是吗？罗琳女士！你认为你不可能改变自己？可我不这么认为。我觉得你之所以没有成功，完全是因为你对自己没有信心。你没有勇气去面对你的情绪化，你更加没有信心战胜它，所以你不会成功。"

尽管罗琳女士当时表现得满不在乎，但我知道她已经相信了我的话。后来发生的事情证实了我的猜测，因为罗琳女士正在一点点地改变自己。

其实，控制自己的情绪并不是一件非常困难的事，只要女士们掌握了一定的方法，还是完全可以做到的。

在这里，我还有一个小技巧要交给女士们，那就是当你们心中产生不良情绪的时候，不如选择暂时避开，把自己所有的精力、注意力和兴趣都投入到其他活动之中。这样就可以减少不良情绪对自己的冲击。

卡瑟琳有一段时间非常失意，因为她经营的一家小杂货店破产了。很多人都为她担心，怕她做出什么傻事，因为那家杂货店倾注了她太多的心血。谁知，卡瑟琳非但没有垂头丧气，反而对她的朋友说："现在我已经欠了银行几百美元，所以我必须到外面去避避难。"就这样，卡瑟琳独自一人到外面去旅游，并借此打发掉了心中的烦闷。

女士们，我们的先人曾经为了自由战斗过，而今天你们依然是在为自由而战。你们的对手是自己的情绪，只有你们战胜了，成为了情绪的主人，才能让你获得真正的自由之身，才能让你过得幸福快乐。

┃ 保持快乐与活力

　　不管是职业女性还是家庭主妇，她们都有各自不同的烦恼。对于职业女性来说，工作上的压力让她们觉得有些喘不过气来，而对于家庭主妇来说，婚姻的问题、家庭的烦恼则是一直困扰着她们的难题。曾经不止一位女士和我抱怨过："卡耐基先生，为什么我的生活总是不能丰富多彩？为什么我与快乐永远无缘？难道说是我做错了什么？为什么上帝要如此惩罚我？"当我问她们为什么不让自己保持住快乐与活力的时候，这些女士往往会大喊道："什么？你以为我们不想吗？可是生活、工作上的压力让我们无法抬头，更别说是有闲心去玩乐了。"

　　其实，女士们有这样的想法不奇怪，但我却不赞同。实际上，很多男人要比女士们聪明一些，因为他们知道如何让自己保持快乐与活力的方法。你看，他们经常会把一些时间花费在自己的嗜好上，这样当他们再一次重返工作岗位的时候就精神焕发了。那么，女士们为什么不让自己保持住快乐与活力呢？你们不妨效仿男人，找时间做一些家庭以外的事情。这种方法很有效，它可以调节你的心境，使你能够有更好的心态去处理工作和家务。

　　我让女士们这么做并不是没有理由的，事实上，并不是繁重的工作和家务使女士们感到疲惫不堪。真正的罪魁祸首其实是生活中的单调、无聊和烦闷。其实，很多聪明人会花费大量的时间来游戏，而且游戏的时间一点都不比工作时间少。他们这么做就是为了让自己的生活内容有所改变，从而让自己有新鲜和有趣的感觉。

　　拿职业女性来说，很多职业女性都把自己的时间看得非常宝贵，因为她们每一天、每一周的大部分时间都是在公司度过的。当你让她们去做一些工作以外的事情时，她们总是会说："不，那不可能，我必须抓紧一切时间来好好休息一下，因为我太累了。"我不这么认为，其实女士们不如利用周末的时间去听听音乐，要不就去孤儿院帮忙，或者做一些其他能够展现你们个性的事情。别小看它们，它们往往可以给你带来很多新的观念。

　　我的邻居乌尔特·芬克太太结婚后一直都在工作，因为她有三个孩子要养。不过，她一直都利用周末的时间去附近的一所教会学校教书。虽然这份工作是义务的，但乌尔特太太却乐此不疲。当有人问她为什么热衷于此时，乌尔特太太说："的确，这对我来说应该算是一份额外的工作，但它又不是一份工作。我之所以这么说，是因为这份工作给我带来了无限的快乐。你知道，和孩子打交道是一件让人兴奋的事情，我从他们的身上得到了活力。如今，我每天都让自己生活在快乐与活力之中，因为很多以前难办的事情都得到了解决。那时，由于工作压力很大，所以我对我的家人有些呆板，而且还很苛刻。现在就不同了，我已经把眼光放得很开了。我可以快乐地对待每一天的生活，充满活力地对待每一天的工作。"

　　家住德克萨斯州的罗兰女士也有一套让自己保持快乐与活力的方法。她把自己一周的时间都安排得满满当当：星期三晚上和丈夫一起去打球，因为那是他们两个共同的爱好；星期四要召开一个讨论会议，这样做一举两得。至于剩下的那三天时间，罗兰女士则会选择去听课。

　　当我们谈到这些工作的时候，罗兰女士说："实际上，我从中获得了很多让人意想不到的收获。每当我们一家人聚在一起吃晚餐的时候，我们就会把有关这些工作的话题拿出来谈论，这使我们每个人都过得非常愉快。正是这些工作给我和我的家人注入了快乐与活力，因此才让我们从未因无聊和烦恼而发生争吵一类的事情。"

的确，保持快乐与活力能够让人忘记很多不愉快的事情。相反，如果我们总是让一些不愉快的、令人生厌的、死气沉沉的事情陪伴左右的话，那么我们的生活将会变得一团糟。我记得有一篇这样的文章，上面讲述了一个精神病患者的故事。这位精神病患者有一个不快乐的童年。在他小的时候，父母经常会把有关金钱、生活和其他不愉快的事情搬到餐桌上来争论。这种做法让这个可怜的孩子很难受，因为他每次都有一种想把吃进去的食物呕吐出来的感觉。

于是，我在看完这篇文章之后，就在家里立下一个规矩，那就是只要是在吃饭的时候，谈论的话题必须是有趣的、愉快的。就这样，每天的晚餐成为了我们家人互相联系感情的重要时间，每个成员都可以在这时享受快乐的滋味。在我的记忆中，我和陶乐丝很少发生争吵，因为我们为了让自己每天都保持快乐和活力而总是找一些有趣的话题来交谈。

女士们，就算你们忘记了前两条，也一定要牢牢地记住第三条，因为健康对于每一个人来说都是最宝贵的。华盛顿健康中心的道尔博士经过研究发现，人如果每天都生活在痛苦、烦恼、沮丧和不安中，那么他们患上疾病的概率要远比那些终日充满活力，感到快乐的人大得多。博士进一步解释说，快乐是指情绪上的。如果你每天都能保持快乐的情绪，那么你就不会有压力。这样，你患胃溃疡、头疼等病的几率就小了很多。而活力则是支配人做事的动力，如果你每天都充满了活力，那么你就不会觉得生活和工作的压力很大。

相反，你会觉得处理一切都是得心应手的。

　　没错，女士们，如果你们可以找一些事情让自己每天都保持快乐与活力的话，那么你们就可以有清醒的头脑去判断事物的价值了。道理很简单，女士们如果以乐观向上的态度把你们的精力放在了那些值得做的事情上的话，那么你们就不会重视那些终日给你制造麻烦的琐碎小事。这样一来，你们的精力就会集中起来，也会让你的家变成梦想中的快乐之园。每一个生活在园中的成员都能够公平地得到愉悦。

　　那我们究竟该怎么做才能让自己永远保持快乐与活力呢？其实很简单，那就是结合自己的性格，培养一种或几种自己喜欢的爱好。女士们不妨这样做，你们可以先想想是不是有什么事自己一直都想做，或是曾经很想做。这并不难，因为如果你自己细心观察的话会发现，其实在你身边有很多活动都非常有价值，即使你只是住在一个小小的村庄里也是一样。如果女士们真的是在想不到到底自己喜欢什么，那么你们就买本介绍各种俱乐部或机构的杂志，说不定能从那里找到答案。

　　我妻子就是这样安排她的生活的。因为工作的原因，我每周都会有一段时间不能在家里陪她。开始的时候，陶乐丝对这种生活很不适应。后来，她的思想发生了转变，对自己说："何必呢？为什么要每天都生活在痛苦和沮丧之中呢？快乐是一天，不快乐也是一天，何苦折磨自己呢？戴尔，他很忙，没有那么多的时间陪我，可我为什么不能自己想办法呢？我可以做到的，也一定会让自己快乐的。"

　　这是陶乐丝后来和我说的，当然她也确实做到了。我妻子在年轻的时候就很喜欢莎士比亚，因此她通过杂志找到了一个莎士比亚俱乐部。于是，她成为俱乐部的会员，而且总是会定期参加他们举行的活动。这个俱乐部属于研究型的文学团体，经常会讨论一些非常有意义的话题。我的陶乐丝很喜欢这些话题，也愿意和他们一起回到四百多年前的世界。

有一次，陶乐丝对我说："戴尔，你知道吗？我现在每天都觉得很快乐，因为我可以在那个俱乐部里获得很多新鲜感。现在我每天都充满活力，因为我可以在做家务的时候背诵一下莎士比亚的诗。那真是太美妙了！现在，我好像真的已经不知道什么叫烦恼，什么叫忧愁了！"

我的陶乐丝倒是找到了乐趣，可我却足足过了一段独守空房的日子。不过，我也不是一个甘愿忍受"痛苦"的人。每当陶乐丝不在家的时候，我就会找很多有关亚伯拉罕·林肯的资料来读，因为我对这位美国总统的一生很感兴趣。这样一来，我每天也都可以让自己快乐而且活力无限了。

不光这样，我还会经常和陶乐丝进行讨论，话题主要是围绕着双方的偶像。当然，我们在讨论问题的时候也难免会争执，但因为有了快乐和活力的前提，所以气氛一直都是很愉快的。这样一来，我们不仅解决了自己郁闷的生活，而且还互相拓展了对方的眼界。其实，这要比那种两人拥有完全相同的兴趣好得多。

《快乐生活指南》这本书的作者克拉泽曾经在一次公开的演讲中说："我们必须承认，不管做什么事情，当它失去新鲜感之后，那么就会变得毫无意思。如果我们能够在生活中找一些新的兴趣和爱好，那么就可以给我原本枯燥乏味的生活带来非常大的变化，也会让我们的工作和家庭关系永远保持新鲜感和乐趣。至于说这么做的好处，我想没必要多说。"

　　我的观点和克拉泽完全一样。如果女士们如今已经感到生活毫无兴趣可言，终日都觉得枯燥、无聊的话，那么女士们就赶快找一些感兴趣的事，并且尽力把它做好。这无非是想让女士们每天都保持快乐与活力，当然这也是一件有百利而无一害的事情。

▍恰当的衣着和化妆

　　我在前面两篇文章中都和女士们强调了这一点，那就是外表对于一个女人来说并不是最重要的，只要女士们有内涵、有气质，就一定可以成为众人眼中最有魅力的女人。对于这一点，我希望女士们要牢记，而且一定要努力去做。不过，这并不代表我就否认个人仪表的重要性。虽然我们在评价一个人是不是有品位和涵养的时候，仪表仅仅是一个很小的方面，但它又的确是最直接、最关键的。女士们的穿着打扮、发型化妆或仅仅是一块手表、一对耳环都会直接折射出你对生活品质的追求。仪表就像是一面镜子，可以将你内心的情趣、修养以及格调等清楚地反映出来。

　　美国铁路局董事郝伯特·沃里兰以前只不过是一名普通的路段工人。在一次演讲中，郝伯特说："恰当的衣着对于一个人的成功也是很重要的。我承认，一件衣服并不能造就一个人，但是一身好的衣服却可以让你找到一份不错的工作。如果你身上只有50美元，那么你就应该花上30美元买一件好衣服，再花10美元买一双鞋，剩下的钱你还需要买刮胡刀、领带等东西。等做完这些事情以后，你再去找工作。记住，千万别怀揣着 50 美元，穿着一身破烂的衣服去面试。"

纽约职业分析机构的沃森先生也曾经说："几乎所有的大公司都不会雇用那些不懂得穿着和化妆的女职员，因为她们觉得一个不懂得穿衣打扮的女人一定也不懂得如何处理好手上的工作。"华盛顿一家大型零售店的人事经理也曾经说："我在招聘的时候有些原则是必须严格遵守的，决定任何一个应聘者能否经得住考验的先决条件就是他的仪表。"

女士们是不是觉得这有些荒谬？的确，一个应聘者能力的多少确实和他是否能够恰当的穿衣和化妆没有多大关系。然而，任何人都有对美的追求，公司的主管也不例外。我想，不会有人愿意看到在自己公司工作的是一群邋里邋遢的员工。

仪表作为求职敲门砖这一原则已经在全美通行，《纽约布商》杂志曾经对这一原则大加赞赏，而且还做出了分析。它是这样说的："一个人如果非常注意个人清洁卫生和穿衣打扮的话，那么他就一定会非常仔细地完成自己的工作。相反，如果一个人在生活中不修边幅，那么他对待工作也就势必马马虎虎。凡是注重仪表的人都会同样注重工作。"

英国的莎士比亚曾经说："仪表就是一个人的门面。"这位文学巨匠的说法得到了全世界的认可。在我们身边经常会看到有人因为不得体的衣着和化妆而受到人们的指责。女士们可能会和我争辩说："天啊，卡耐基，你怎么是如此肤浅的一个人。难道仅仅是因为没有漂亮的外表你就断定他是一个没有修养和内涵的人吗？"我承认，如果仅凭仪表就去判断一个人确实有些草率，然而无数的经验和事实都已经证明，仪表的确可以直接反映出一个人的品位和自尊感。那些渴望成功的人，那些希望自己魅力四射的人，无一不会精心挑选他的衣装。曾经有一位哲学家说过："如果你把一个妇女一生所穿的衣服拿来给我看，那么我就可以根据想象写出一部有关她的传记。"

心理学家斯德尼·史密斯曾经说："如果你对一个女孩说她很漂亮，那么她一定会心花怒放。如果你敢随便地批评她，说她的衣着一无是处、化妆糟糕透顶的话，她一定会大发雷霆。的确，漂亮对于女人来说简直太重要了。一个女人，她可能将自己一生的希望和幸福都寄托在一件漂亮的新裙子或是一顶合适的女帽上。如果女士们稍稍有一点常识，那么你们就一定会明白这一点的。如果你想帮助一个陷入困境的女士，那么最好的选择就应该是帮助她了解到仪表的价值所在。"

我们不妨将斯德尼的话和郝伯特的话联系起来。是的，虽然衣着和化妆并不能造就出一个人，但是它的确确给我们生活带来深远的影响。全美礼仪协会主席普斯蒂斯·穆俄夫德就曾经说："一个人的仪表是能够影响到他的精神面貌的。这不是危言耸听，也不是言过其实，你们可以想象仪表究竟对你们有多大的影响就可以了。"

在这里我还要和女士们强调一点，那就是与化妆比起来，衣着对于你们更为重要。我们会在大街上看到一个穿着整齐但却没有化妆的女人，可是我们绝不会看到一个化着漂亮的妆，但却穿着一件邋遢衣服的女士。

如果我们让一位女士穿上一件破旧不堪的大衣，那么这势必就会影响到她的整个心情。即使这位女士以前是一个非常讲究的人，这时也会变得不修边幅。她的心里会想："反正自己已经穿了一件这样的大衣，而且这也没什么不好的，那还何必去在乎头发是不是脏了，脸和手是不是干净，或者鞋子是不是已经破烂?"这只是外在的影响，这件大衣还会让女士的步态、风度以及情感发生变化，当然这是潜移默化的。

相反，如果我们给这位女士换上一件漂亮的风衣，那么情况就大不一样了。她会在心里想："我一定要把自己打扮得漂漂亮亮的，因为只有这样才能配得上这件风衣。"于是，女士会把自己的头发梳理得很顺畅，脸和手也会洗得干干净净，而且还会化上漂亮的妆。这位女士会想办法挑选那些与风衣相配的衣服来穿，就连袜子都必须相宜。更进一步的是，这位女士的思想也会发生改变，会对那些衣冠整洁的人更加尊敬，同时也会远离那些穿衣邋遢的人。

我相信女士们现在一定明白仪表对于你们的重要性。可是我敢说，并不是所有的女士都知道该如何打扮自己。很多女士都认为，花大价钱买那些既贵又时髦的衣服就是最好的选择，浪费一个月的薪水去买那些让人生畏的化妆品就是最棒的。其实，这是一种非常严重的错误观念。

想必女士们都知道英国著名的花花公子伯·布鲁麦尔。这个有钱人居然每年会花费 4000 美金去做一件衣服，仅仅扎一个领结就要花上几个小时。这种过分注重自己仪表的做法其实比完全忽视还糟糕。这种人对衣着太讲究了，把所有的心思全扑在对仪表的研究上，从而忽略了内心的修养和自身的责任。从我的角度看，如果你能够在穿衣打扮上量入为出，做到与自己的身份相匹配的话，那么无疑是一种最实际的节俭做法。

很多女士，特别是一些年轻的女士，她们都把"仪表得体"误认为就是买贵重的衣服和名牌的化妆品。实际上，这种做法与那种忽视仪表同样都是错误的。她们本该将自己的时间和心思放在陶冶情操、净化心灵和学习知识上，然而她们却把大量的时间、金钱和精力浪费在了梳妆打扮上。这些女士每天都在心里盘算着，自己究竟怎样计划才能用那微薄的收入来买昂贵的帽子、裙子或是大衣。如果她们无论如何也做不到这一点的话，那么就会把眼光放在那些粗糙、便宜的假货上。结果是适得其反，她们自己反落得个遭人嘲笑。卡拉尔曾经辛辣地讽刺这类人说："对于某些人来说，他们的工作和生活就是穿衣打扮。他们将自己的精神、灵魂以及金钱全都献给了这项事业。他们生命的目的就是穿衣打扮，所以根本没有时间去学习，当然也没有精力去努力工作。"其实，对于大多数普通的女士来说，我倒是有一条不错的建议，那就是穿上得体的衣服，化适宜自己的妆，但这并不需要大量的金钱。实际上，朴素的衣装同样有着很大的魅力。在市面上有很多物美价廉的衣服可供女士们选择，而且我们也能够花少部分的钱买到不错的衣服。女士们千万不要有这样的错觉，"寒酸"的衣服并不一定会让人反感，相反邋遢才是最让人生厌的。只要女士们懂得如何恰当的穿衣和化妆，那么不管你有没有钱，都可以让自己魅力非凡。只要女士们尽量让自己保持干净整洁，那么就会给你赢来别人的尊重。

很多女士曾经问过我，我所说的恰当的衣着和化妆到底是怎么回事？要怎样做才能达到要求？其实，这是一门比较深的学问，并不是马上就能够学会的。不过，我倒是有些建议送给女士们，虽然不一定能让女士们马上改变，但却可以给女士提供改变的方向。

得体穿衣的七个原则 >>>

· 不要盲目跟风，一定要选择适合自己的；

· 提高自己的文化素养，培养自己的内在气质；

· 训练自己的举手投足，让自己随处可现风雅；

· 学一些有关色彩的知识，让自己懂得如何进行搭配；

· 款式不一定要新潮，但一定要能突出你的优点；

· 可以适当选择一些饰物搭配；

· 对衣服的质料要求高一点。

至于说化妆，这可不是我的强项，因为我毕竟不是女人。为了能够找到问题的答案，我专门去请教了我的朋友露茜，她可是一位美容专家。露茜送给了我一些建议，现在我再转送给各位女士。

恰当化妆的四个原则 >>>

· 买一瓶适合自己的香水，记住，不同年龄的需要也不同；

· 保护好自己的皮肤，让它随时都能得到呵护；

· 并不一定浓妆就是最好，要根据你的需要来选择口红和眉笔；

· 千万不要忘记对手指甲和脚趾甲的护理。

我不知道上面的建议是不是会有立竿见影的效果。但我敢肯定，只要女士们用心留意自己的衣着打扮，那就一定可以让自己魅力四射的。

会说话，会办事

我心里一直都认为，不管出于什么原因，解雇一个人始终都不是一件令人愉快的事情。因此，我很少会主动地解雇帮我做事的职员，除非他们已经找到了更好的出路。然而，三年前，我却亲自解雇了一个为我工作了三个月的秘书。当然，我也是很不情愿才这样做的。

在这里，我不想提起这位小姐的名字，因为这可能会伤害到她，所以我们就称她为 H 小姐。坦白说，这位 H 小姐很有能力，会英语、法语、西班牙语和德语四门语言，而且还写得一手漂亮的好字。不光这样，H 小姐还有着迷人的外表、高贵的气质。单从这些条件来说，H 小姐应该算得上是最棒的秘书了。的确，我必须承认，H 小姐把自己手头的工作都处理得井井有条，从没出现过差错。然而，H 小姐却有一个致命的缺点，这也是导致我解雇她的原因。

有一次，我因为有事外出不在公司，恰巧这时我的老朋友约翰·查尔顿来公司找我。约翰并不知道我已经雇用了秘书，所以他像往常一样直接走进我的办公室。这时，H 小姐从后面赶上来，很气愤地说："嗨，你这个人怎么如此无礼？难道你不知道到公司找人是有规矩的吗？你应该首先和我这个秘书打一下招呼。"约翰是个很有修养的人，赶忙说："对不起，是我疏忽了。是这样的，我并不知道我的老朋友卡耐基雇用了秘书，所以就很贸然地闯了进来，希望你能够原谅。"H 小姐看了看约翰，很傲慢地说："不要以为是老朋友就可以不讲礼貌，这里是公司，每个人都必须遵守规矩，你也不例外。既然你看到卡耐基先生不在，那么就请你回去吧！"约翰当时有些生气，但是他并没有发作，而是说："哦，真抱歉，我有点急事找他，你能帮我联系一下吗？"H 小姐很不耐烦地说："难道你不知道做秘书的是不能随便透露自己老板行踪的吗？真搞不懂，我的老板怎么会有你这样的朋友！"约翰再也忍不住了，大声喊道："是吗？小姐，难道你就不能说话客气一点吗？我真搞不明白，卡耐基怎么会雇用你这样的秘书。"说完之后，约翰气愤地走了。

后来，约翰把这件事告诉了我。于是，我找 H 小姐谈了一次话。当我说起这件事的时候，H 小姐显得很生气，说："什么？那个无礼的家伙居然还到你这里来告状？真是太可恶了。"我心平气和地对她说："H，难道你不应该对这件事反思吗？事实上，你在处理这件事的时候有很多地方做得并不妥当。"我的话显然激怒了 H 小姐，她大声说："难道您也认为我的做法是错误的？难道那不是一个秘书应该做的事情？天啊！我做了自己的本职工作，居然还要受到责备。"我知道 H 小姐根本没有认识到自己的错误，于是对她说："H，事实上这已经不是第一次了。很多人跟我反映，他们无法与你沟通，因为你说起话来总是不给别人留余地，还经常伤害到别人的自尊。其实，有很多事情你完全可以换一种说法，那样的话事情就变得容易得多。我希望你能够改正自己的缺点。"

很遗憾，直到最后我也没能说服 H 小姐。没办法，我只好选择将她辞退，因为我不能为了她一个人而使很多人不开心。

很多女士为了让自己魅力十足，把大量的时间、精力和金钱都花费在了打扮自己这方面。其中，更高明一点的女士还会注意训练自己的举手投足、培养自己的格调，让自己更有内涵和气质。的确，女士们的这些做法都是正确的，也是应该的。然而，如果女士们忽略了说话办事这一点，那么当你与人交往的时候，也会给人一种很不愉快的感觉。

其实，对于女士来说，不管你是职业女性还是家庭主妇，会说话，会办事都是非常重要的。你在这方面是否有魅力会直接影响到你是否能够给对方产生很强的吸引力，也关系到你是否可以获得别人的喜欢。同时，如果女士们能够掌握住说话办事的技巧，那么你们就无疑能够在与人相处的时候表现出自信，让别人被你的魅力所折服。

人际关系学家查理·休伯特在他的著作《论女人的魅力》中曾经说："对于一个女人来说，漂亮的脸蛋、姣好的身材、脱俗的气质等是让她们魅力十足的先决条件。可是，如果一个女人满口脏话，出言不逊的话，那么恐怕也不会得到别人的喜欢。语言是上帝赐给人类的礼物，一个风采迷人、魅力四射的女人必须懂得如何说话，如何办事。事实上，如果一个女人能够掌握说话办事的技巧，那么她就可以很容易地弥补一些自己先天性的缺陷。"

然而，有些女士似乎并不认为会说话、会办事是非常重要的。在她们看来，只要自己够漂亮、有品位，那就一定会征服所有的人。至于怎么说话，那不需要学，也不需要关注，因为说话和办事只要是达到目的就可以了，根本不需要学习什么技巧。

唐·邦德是美国著名的影视演员经纪人，我们曾经在一起吃过晚餐。席间，唐问我："卡耐基先生，你觉得挑选演员的标准应该是什么？"我想了想回答说："迷人的外表、优雅的气质、高超的演技，这些东西应该是最重要的吧？"唐笑了笑，说："不，你错了！事实上，我在挑选演员的时候很看重他的谈吐，特别是女演员。有些女孩子很漂亮，也很有气质，可惜她们不知道该如何说话办事。可能你认为对于一个演员来说，演好戏才是最重要的。至于说话办事，那只是一种日常人际交往的技巧罢了。"我点了点头说："是的，唐，我一直都这么认为。"唐接着说："你知道吗？要想做一个好演员，必须要有征服观众的魅力。即使你的外表再漂亮，即使你的演技再高超，如果你不懂得如何说话办事的话，也是一件非常麻烦的事。举个例子来说，演员总是要和观众沟通的，不懂得与观众交流、相处的演员永远不会成功。试想，如果一个演员老是用言语伤害观众，使观众对她产生一种厌恶感，那么她怎么可能会出名，怎么可能会成功？一个不会说话办事的演员没有魅力，没有魅力的演员不会成功。"

的确，唐·邦德给我们揭示一个容易被忽视的道理。其实，早在以前我也没有把魅力和会说话、会办事联系起来，直到我认识了卡拉女士。

卡拉女士在一家汽车轮胎公司任经理，我对她的了解是通过别人的描述得来的。华盛顿轮胎销售商卡尔对我说："和卡拉女士谈判简直是一种享受，虽然我们都在为各自的利益着想，但是却从未发生过争吵。卡拉女士的每一句话都让人觉得非常舒服，总让我有一种非与她合作不可的感觉。"一家生产橡胶的公司的销售经理也说："卡拉有一种让人无法抗拒的魅力，每次和她谈判的时候都有一种愉快的感觉。按理说，作为公司的经理，我应该完全替本公司着想。可是，卡拉总是有办法让我知道他们的难处，理解他们的困难。虽然我知道有些时候她是在玩弄一些小把戏，但我却情不自禁地钻进她所设下的圈套。"

我对卡拉女士产生了强烈的好奇心，于是亲自去拜访了她一次。当见到卡拉女士的时候，我大吃了一惊，因为她与我想象中的形象完全不一样。卡拉女士个子不高，身材也有些发胖，长相也非常普通。说实话，我当时很难把她与"魅力四射"这个词联系起来。

　　然而，我和卡拉女士交谈以后却发现，自己已经完全被她征服了，因为卡拉女士深知与人交谈的技巧。她说什么话都会给自己留下一点余地，而且也不在我面前摆什么经理的架子。我能感觉到，面对我的提问，卡拉有所保留，因为她不想那么快亮出底牌。此外，卡拉女士很礼貌，也很有耐心，似乎一直等待你一点点地跟着她走。当然，必要的时候她也会大兵压境，甚至让你有喘不过气的感觉。不过，每当这个时候她又会适时地停止进攻。

　　当我们的谈话结束时，我对卡拉女士说："真不可思议，您大概是我见过的最有魅力的女士了。"卡拉有些不好意思地笑了，说："您过奖了，卡耐基先生，我不过是懂得一点说话办事的技巧罢了，没什么魅力可言。"

　　我知道这是卡拉女士自谦的说法，因为在她嘴里轻松说出的所谓技巧的确能够让很多人折服。回去之后，我对卡拉女士所说的话进行了分析，终于总结出了几点经验。

说话办事时应掌握的技巧 >>>

·掌握时机，恰当地运用感谢的词语；

·与别人交谈的时候一定要多说愉快的事情；

·多多赞美别人的优点；

·表达不同意见的时候要给对方留足面子；

· 学会听别人讲话；

· 合理利用身体语言；

· 尽量用高雅简洁的词；

· 千万不可自大、自夸；

· 玩笑要开得适可而止；

· 平时注意充实自己。

其实，要想学会说话办事，并不是一朝一夕就可以成功的。不过女士们要有足够的信心和决心，然后再看一些有关这方面的书籍。不管女士们是不是都渴望自己成功，是不是都希望自己成为"万人迷"，学会说话办事总之还是一件好事情。

| "糊涂"女人最可爱

很多女士在看到这篇文章题目的时候一定很不理解，说不定她们还会反问我说："卡耐基先生，你是不是疯了？难道你认为一个女人天生就应该是愚蠢的吗？难道你也和某些男人一样，认为女人只有是个糊涂蛋才是最好的吗？你在书中一直宣称自己是尊重女性的，可你为什么还要写一篇这样的文章来侮辱女性呢？"女士们这样想的话，那可真就冤枉了我。事实上，我所说的"糊涂"并不是指一般意义上的糊涂，而是一种将聪明发挥到极致的"糊涂"。

我之所以会想到要给女士们写一篇这样的文章，完全是受我的一位朋友的启发。他叫爱弥尔·劳伦，是一位充满激情的诗人。他曾经送给我一首哲理诗，诗中是这样写的：

糊涂最难得，

真正的糊涂是最高明的。

那是一种将自己的才智升华后的智慧；

那是一种虽知晓却不点破的涵养；

那是一种不入世俗的气量；

那是一种让自己远离纷争的快乐；

那是一种豁达的胸怀；

那是一种让自己免于危险的方法。

不管是男人女人，只要他能做到这一切，

他的一生将可以放出绚丽的色彩。

女士们是否已经体会到了这首诗的含义呢？是的，我所说的糊涂不是那种无思想、无意识、无主见的糊涂，而是一种以豁达、宽容的眼光去看待事物的糊涂。虽然世上所有的人都梦想着成为智者，但是如果我们对凡事都较真的话，那么自己也就会陷入无边的痛苦之中。女士们不妨想一想，是不是很多事情你越清楚就越烦恼呢？我们打个比方，世界上真正被病魔夺去生命的人其实并不多，更多的人是被病魔吓死的，因为他们太"聪明了"，所以心中非常清楚疾病对他们来说有多么的可怕。

小的时候，我和邻居家的几个小孩子都非常喜欢到达克先生家去玩，因为那里有个慈祥和蔼还很会讲故事的老奶奶。有一次，老奶奶给我们讲了一个"可笑的主妇"的故事。

从前，有一位住在农场的主妇，老是自以为是，自作聪明，很喜欢与人抬杠。有一天，这个主妇正在家中煮饭，突然邻居告诉她，说是街上来了一位算命很准的吉普赛女郎，叫她一块儿去看看。这个主妇一向不相信什么算命的说法，认为那个吉普赛人不过是想借机会骗钱罢了。因此，主妇暗下决心要好好惩治一下那个骗子。

　　当她赶到时，吉普赛人的面前已经围了很多人。主妇二话不说，马上挤到跟前说："嗨，你算算我叫什么名字？现在正在做什么？算对的话我给你一个金币。"吉卜赛人回答说："你的名字叫琳达，你现在正在煮饭。"主妇吃了一惊，因为她的确是叫琳达，而且也正在煮饭。不过，她还是不相信吉普赛人会算命，认为这一定是有人事先告诉她了。于是，她回家换了身衣服，改了个发型，又要求吉普赛人给她算命。结果吉普赛人给的答案还是一样。就这样，主妇来回换了几次衣服都没有骗过吉普赛人。不过，当她最后一次去问的时候，吉普赛人说："你的名字叫琳达，不过你煮的饭已经焦了。"

　　我清楚地记得，当时我们几个小伙伴笑得前仰后合，都说这个主妇真是可笑，喜欢耍小聪明。那时候，我从这个故事里得到的唯一道理就是：吉普赛人是会算命的。

　　然而，当今天我再重温这个荒诞故事的时候，却发现里面还揭示了很多深刻的道理。其实，在现实生活中，很多人都和这位主妇一样，喜欢耍小聪明，明知道某些事情的真相，却非要去较真，一定要找出里面的错误。结果呢？他们苦心经营的"饭"变焦了，自己也尝到了苦果。

　　很多女士之所以不幸，很大程度上就是因为她们太过"聪明"。的确，这些女士智商很高，社会阅历也很深，因此任何问题，任何事情都瞒不过她们的眼睛。于是，她们不允许别人欺骗她们、不能容忍别人占她们的便宜，更加不能原谅那些妄图在她们面前瞒天过海的人。她们毫不留情地当面拆穿了别人的"诡计"，挖空心思地想办法去报复他们。结果，她们自己累得筋疲力尽，而别人也不愿意再去理睬她们。

人际关系学大师海拉尔·乔森顿曾经在他的著作《如何让你成为受欢迎的人》中写道："在与人相处的过程中，太过较真是最大的忌讳。我一直都认为，撒谎是人类的天性，因为有些时候说谎也是必需的。然而，每个人在内心深处都有一种自我防御的心理。当察觉别人在欺骗他们的时候，他们的自尊心马上就做出反应。在他们看来，这些人的做法无疑是在愚弄他们，是对他们的一种侮辱。于是，他们会想出各种办法进行反击。然而，事实上有些时候谎言并没有那么可怕，只不过是当事人将它看得太严重而已，结果搞得自己和别人都很不愉快。其实，如果人们可以忽略一些谎言的话，那么每个人都可以过得轻松许多。"是的，我们何妨来一次糊涂呢？

我们不妨对待工作糊涂些。当然，我并不是让女士们不认真对待工作。我的意思是不要太去计较那些工作中遇到的问题。你的上司可能最近老是冲你发脾气，你不要认为他是在故意找你的碴儿，说不定他只是心情不好而已。你每天工作8小时，给公司创造了很多利益，可仅仅拿到那一点微薄的薪水。你不应该有这种想法，公司拿更多的钱是理所当然的，因为你不是老板，更何况他还要拿出很大一部分来供养像你一样的员工。你的同事整天聚在一起说你的坏话，这让你难以忍受。其实，你大可不必担心，因为他们只不过是嫉妒你罢了。

我们不妨对待朋友糊涂些。你的朋友可能为了某些利益而伤害了你，千万不要因此去怨恨他，因为换作是你也会这么做的。你的朋友曾经在背后说过你的坏话，不要在意，因为那可能是你真的有问题。况且，在背后谈论他人是人类最大的嗜好。也许你的朋友明明有钱却不愿借给身处困难的你，不要埋怨他，可能他还有更大的用处。

　　我们不妨对待家庭糊涂些。你的丈夫可能和你撒谎说在单位加班，其实他是偷偷跑出去喝酒。你不要责怪他，因为男人也需要偶尔的放纵。你丈夫拿着一枚廉价的戒指和你说："这是正宗的钻石戒指。"请不要拆穿他，那是代表了他的心意。你的孩子把弄脏的床单藏在了衣柜里面，你千万不要手拿床单狠狠地训斥他，因为你小的时候也犯过同样的错误。

　　女士们，我真的希望你们在遇到上面那些问题的时候表现得糊涂一点，这可是人生的大学问。曾经有一位哲人说："聪明的最低境界是糊涂，而它的最高境界依然是糊涂。"每一位女士都不愿做最低境界的糊涂虫，因为那是一种懒懒散散、玩世不恭、胸无大志的表现。于是，女士们看书、看报、留心观察，逐渐将自己变成了聪明人。我承认，这是一种飞跃，质的飞跃。然而，如果我让女士们再从聪明变回糊涂的话，恐怕就很少有人愿意了。

　　实际上，女士们之所以不愿意从智者变为糊涂者，是因为你们认为但凡糊涂者都是可悲的、可笑的甚至是愚蠢的。可是，女士们有没有想过，这种糊涂有时候恰恰可以帮你们排解生活中的烦恼，让你们不为任何事担忧。这种糊涂并非不明事理，也不是看不清现实，而是一种让自己免受世事困扰的做法。一位哲人曾说："上帝要折磨一个人，首先就赐予他完整的思想。"对于那些太有思想的人来说，痛苦与他们是永远相伴的。相反，那些头脑简单的人却每天都可以过得很快乐。

有些女士太"聪明"了，看清了世上所有的一切。于是，她们开始觉得世界太冷酷了，人与人之间没有感情可言。她们觉得孤独，觉得冷，因为这个世界没有一丝温暖可言。这就结束了吗？不，还远不止这些。"聪明"给你带来最可怕的后果就是失去朋友、失去亲人、失去生活。没人愿意和一个太"聪明"的人在一起相处，每一个人都希望保留住自己的尊严，守住自己的一点小秘密。然而，"聪明"的女士却让这些人失去了尊严，失去了秘密。

因此，女士们，请听一听我的劝告，让自己变得头脑简单一些，让自己对人对事糊涂一些。这样一来，你不但不会成为别人眼中的傻瓜，反而会成为他们心目中的女王。

不过，在最后我还必须提醒女士们，如果你们真的还没有从最低境界的糊涂上升到聪明的境界的话，那么就千万不要去追求最高境界的糊涂。我说过，最高境界的糊涂是以聪明为基础的，它是一种智慧的体现。而如果女士们没有达到聪明的要求的话，那么你们追求的可就是真正的糊涂了，那种让人变得一塌糊涂的糊涂。

给别人说自己得意事情的机会

女士们，你们知道什么方法最能够让别人接受你吗？有的女士可能会告诉我："这很简单，把我的优点全部告诉他们，我要用我的语言使他们感受到我的魅力。"如果你真是这样想的，亲爱的女士，那么你就大错特错了。事实上，这种说太多话的做法往往会使别人感到厌烦，尤其是你故意夸大你的优点。因此，如果你想成为一名充满魅力的女士，那么你就应该让别人多说话，尤其要给别人说出自己得意事情的机会。

你们可能想不到，这种做法虽然看起来有些"软弱"，但实际上却充满了智慧，往往可以给你带来意想不到的收获。

汤潘女士是一家大型汽车坐垫生产厂家的销售代表。几年前，全美最大的汽车公司准备购买全年所需的汽车坐垫，这也是这家公司每年年初都要进行的大型采购项目。为了能够获得这项大的订单，很多生产厂家都纷纷寄出了自己的样品。经过层层筛选，只有三家厂商进入了最后的竞标，汤潘女士所在的厂家就是其中之一。

说实话，汤潘女士对这次谈判没有多少信心，因为另外两家的实力也都是非常强的，也就是说汤潘女士成功的几率仅有30%。然而，就在竞标开始的那天，汤潘女士居然得了咽喉炎，而且相当严重，嗓子沙哑得连声音都发不出来。汤潘女士有些灰心，认为这次肯定会失败。可是，明知失败也要试一下，于是她还是进了会议室，和那家公司的采购经理、质检员以及总经理见了面。

当她见到总经理时，很想向他问好，可是她根本发不出声音来。没办法，汤潘女士只好在纸上写道："对不起各位，我今天嗓子坏了，根本不能说话。"这时，坐在她对面的总经理笑了笑，说道："女士，我在这一行也有很多年了，我想我替你介绍你们的产品，你不会有什么意见吧?"汤潘女士点了点头，表示愿意接受总经理的建议。

当时的场景简直太令人惊讶了，这家公司的总经理俨然成了汤潘女士的代言人。他站在汤潘的立场上，分析了她们厂生产的产品的优点，并和其他生产厂商的产品进行了比较。在整个过程中，汤潘女士没说一句话，只是微笑着点头称是。经过一阵激烈的讨论后，汤潘女士居然拿到了订单，那可是价值160万美元的订单啊！

后来，汤潘女士对我说："我真的感觉上帝在帮我，因为如果那天我的嗓子没哑的话，恐怕我根本拿不到这份订单。现在我终于明白，给别人说话的机会是一件多么重要的事情。那位总经理当时很得意，因为他认为，对于鉴别汽车坐垫质量的好坏来说，他简直是专家。我清楚地记得，他神采飞扬，滔滔不绝，完全把介绍我们的产品当成了自己的事。从那以后，每当我和客户交谈时，总是尽量让他们说话，而且最好是让他们说自己得意的事情。"

对于这一点，并不是只有汤潘女士认识到了它的重要性，另一家电器公司的业务经理卡洛琳女士也对这种做法的魅力深有体会。

那是前几年的事情了，卡洛琳女士受公司老板的委托，来到宾西法尼亚州的一处农业区进行考察。当他经过一家非常干净整洁的农舍时，对陪同的销售代表说："先生，请你告诉我好吗？这里的人为什么都不用电器？"销售代表以前显然碰过钉子，所以有些赌气地说："住在这里的人都是荷兰移民，他们有钱！可是他们是典型的铁公鸡、守财奴，根本不可能购买我们的任何东西。而且，这些乡下人还对我们这种公司很反感，我已经被拒绝过很多次了。"卡洛琳女士不太相信他的话，决定亲自试一试，于是她很有礼貌地敲开了一家农舍的门。

门只开了一个很小的缝，有一位妇人探出了头。还没等卡洛林开口，妇人就白了她一眼，重重地关上了门。卡洛林没有生气，而是又一次敲门，说道："请别误会，夫人，我并不是来这里推销什么东西的，而只是想从您这里购买一打鸡蛋。"门开得大了一点，不过妇人眼神中依然充满了怀疑。

卡洛琳笑着说："我敢打赌，您的那群鸡一定是多敏尼科鸡。"

妇人有些好奇地问："你是怎么知道的?"

卡洛琳说："因为我家也养鸡，而且从来没见过比你的这群更棒的多敏尼科鸡。"

老妇人的警惕性还是很高，继续问道："恭维是没有用的，既然你家又养鸡，那么何必还来我这里买?"

卡洛琳回答说："很简单，我养的是莱格何鸡，它们只能生出白色的蛋来，而多敏尼科鸡却能生出褐色的蛋来。您一定精通于烹饪之道，相信您也知道，用白色的鸡蛋做出的蛋糕要远远逊色于用褐色鸡蛋做出的蛋糕，我一直是这样认为的。"

妇人完全没有了戒心，她来到了走廊中，高兴地说："是的，我也这么认为。哦，姑娘，我想要请你参观一下我的家。"

于是，卡洛琳终于有机会仔细地看一看这位妇人的家了。这时，卡洛琳说："夫人，我注意到你家有一个漂亮的牛棚，那一定是你丈夫养的。我敢保证，他养牛挣的钱一定不如你养鸡挣得多。"

"噢! 当然，你说得太对了!"老妇人兴奋地说，"真该让那个自负的家伙听听这些话，省得他一天到晚总是不承认。"

接下来，老妇人邀请卡洛琳参观了她的鸡舍，而且表示希望从她那里得到一些好的建议。当然，女士们肯定都猜到了卡洛琳会给这位妇人什么建议。

一个星期以后，卡洛琳视察的这一地区都安上了她们公司生产的电器。卡洛琳对那个失败的销售代表说："你知道吗？我并没有像专家一样上来就建议她买什么电器。我只是想要知道她养鸡的情况，因为那是她最得意的事情。在取得了她的信任之后，我是以朋友的身份建议她买电器的。朋友是不会欺骗朋友的，所以她才决定买我们的东西。"

女士们，我不得不承认，这是我所见过的最有魅力、最成功也是最有效的推销方法。当然，你完全可以把它运用到你的日常生活中。

女士们，你们知道这是为什么吗？这是因为当别人觉得胜过我们时，他们就会产生一种自尊感和自重感，这一点也是我一再强调的。有了这种自尊感和自重感，他们必然愿意向我们敞开心扉，愿意和我们交朋友。相反，当他们觉得我们胜过他们时，他们就会产生一种自卑感，随之而来的则是嫉妒和猜忌。

各位女士，你们知道如何获得一个成功人士对你的青睐，从而为自己谋得一份不错的职业吗？我可以告诉你们，最好的办法就是让他们讲一讲他们的创业史，因为那是他们认为最得意的事情。

有一次，美国一家著名的大公司在报纸上刊登了一则招聘广告，说是想要招聘一位非常有才能而且经验也很丰富的人来做公司的中层管理人员。可是，虽然有很多人前来应聘，但似乎没有一个被老板看中。

这天，有一位年轻的女士前来应聘，事实上她已经是一位已婚的女士了。应该说，她的条件并不是很好，因为她毕竟已经结婚，而且也谈不上经验丰富。

老板显然有些轻视这位女士，问道："能告诉我你有什么能力吗？"

女士很镇静地说："尊敬的先生，我不打算在您的面前吹嘘。事实上，我一直都很敬佩您。我知道，您是一位白手起家的企业家。您凭借着几百美元和一份详细周密的计划以及自己不懈的努力终于取得了今天的成就，您是我心目中真正的英雄。"

老板的眼睛亮了起来，很高兴地说："是吗？可那些毕竟都是过去的事了。"

女士说道："可那对我们这些后辈来说却非常有意义。我不奢望能够获得这份工作，但我想从您那里学到更为宝贵的经验。"

这场面试整整进行了三个多小时，老板把他自己如何从一个穷小子变成今天的百万富翁的经历全都讲述给了这位女士。最后，老板笑呵呵地说："今天是我这些年来最开心的一天。那些应聘者从来没有让我有过这样的感觉，他们老是在那里夸夸其谈，说他们是如何如何有能力。事实上，他们的这些功绩在我眼里简直一文不值。女士，欢迎你加入我们的公司。"

女士们，看到了吧，这就是这种技巧的魔力。可能有些女士会问："作为女性，和那些成功人士打交道的机会毕竟很少，大多数人根本没有辉煌的过去，我不知道该如何让他们说出得意的事。"女士们，如果你们这样想，那就又犯了一个错误。事实上，每个人都有他最得意的事情，关键看你能不能发现。我可以举一个简单的例子，女士们认为对于一对父母来说什么才是他们最得意的事情呢？对了，答案就是他们的孩子。如果你想和一个已婚的而且有了孩子的人成为朋友，那么与其虚伪地称赞他们，还不如发自真心地去和他们谈论一下他们的孩子。因为对于他们来说，孩子就是他们未来的希望，也是他们最最值得骄傲的事情。

我记得有一位哲人曾经说过："胜过你的朋友，这是获得敌人的最好办法；让你的朋友胜过你，这是获得朋友的最好办法。"的确，女士们，我们为什么不能谦虚一下呢？为什么不能给别人说出自己最得意的事的机会呢？相信我，女士们，只要你这样去做了，那你一定会成为最受欢迎而且最有魅力的女士。

▎微笑是给人良好印象的最好方法

那是很多年前的事了，那时候第二次世界大战还没开始，我的一位法国朋友邀请我到巴黎去，并且带我参观了著名的卢浮宫。我真的为人类的智慧所折服，因为那些艺术家们给人类留下了如此之多的艺术瑰宝。

当我们经过达芬奇的名作《蒙娜丽莎》时，我的朋友对我说："看，戴尔，这就是卢浮宫的镇山之宝。"我说道："我知道它是人类艺术品中名头最响的杰作，但我似乎并不能领会到它的真正价值。"我的朋友说："戴尔，你不觉得达芬奇所描绘的女子很奇异吗？事实上，这幅画真正让世人为之痴迷的正是画中女子矜持的微笑。她的微笑太迷人了，以至于让很多学者都潜心研究蒙娜丽莎微笑的秘密。"

微笑的力量真是太神奇了，简直是妙不可言。人类是上帝最眷顾的宠儿，因此上帝也把笑赐给了人类，使它成为了人类所拥有的特权。

有一次，我在飞机上遇到了一件事情，而这件事使我更加坚信微笑的力量是无穷的。

在飞机还没有起飞之前，我身边的一位乘客叫来了空姐，希望空姐能给他倒杯水，因为他需要服药。空姐都是训练有素的，所以很礼貌地说："先生，实在对不起，为了安全起见，我必须等待飞机平稳飞行后才能给您倒水，请您稍等一会儿。"

飞机准时起飞了，可是那位空姐却将这件事忘得一干二净。当空姐被急促的铃声叫过来时，那位要水的乘客已经怒不可遏了。

"看看你都干了些什么？难道你们就是这样对待乘客吗？"那位乘客生气地说，"我真不知道你们公司为什么选用这样的人做空姐。"

空姐知道自己确实是做错了，赶忙微笑着说："对不起，先生，这都是我的疏忽造成的，对此我感到非常抱歉。"

"抱歉？难道这就足够了吗？"乘客显然不愿意原谅空姐，继续说道，"难道仅仅一句抱歉就可以弥补你所犯下的错误。我不想和你争吵，我一定要投诉你。"

尽管空姐一次又一次地把微笑送给这位乘客，并表示愿意给他提供任何帮助，但那位乘客就是不领情。当飞机就要到达目的地的时候，乘客冷冰冰地对空姐说："小姐，请你把你们的留言簿给我，我有些话想让你和你的上司知道。"

空姐的内心十分委屈，因为她已经为自己的这次疏忽道了无数次的歉。不过，最后她还是微笑着对这位乘客说："先生，请您再一次接受我最最真诚的道歉。您要投诉我，我愿意接受，因为这本身就是我的错。"乘客看了看她，并没有说什么，而是很认真地在留言簿上写着什么。当飞机到达机场以后,那位乘客马上就离开了自己的座位。

我对这件事有些好奇,因为我还从来没有见过一个人面对别人多次真诚的道歉而不接受的。于是,我找到了那位空姐,并希望她能够允许我看一看那位乘客的留言。空姐同意了我的要求,很紧张地打开了留言簿。然而,令我们两个都感到惊奇的是,留言簿上并不是一封投诉信,而是一封表扬信。其中,有一句话我印象很深:很抱歉发生了这样不愉快的事,但在整个过程中,你都能保持甜美的微笑。当我看到你的第八次微笑时,我就已经下决心将投诉信改成表扬信了。

空姐的微笑无疑给那位乘客留下了最良好的印象,以至于乘客不再去计较她所犯下的"不可饶恕"的错误。事实上,我想要告诉女士们的是,并不是只有做服务行业的女士需要微笑着面对每个人,其实所有的女士都需要微笑,因为只有这样才能让别人觉得你魅力无穷。

前段时间我去纽约参加了一次盛大的晚宴,席间,有一位非常漂亮的女客人,她的容貌和身材绝不亚于那些空姐。她刚刚继承了一大笔遗产,因此算得上是一个有钱人。我知道,她是急于给别人留下良好和深刻的印象的,因此她花费了大量金钱打扮自己。可是,虽然貂皮大衣、钻石戒指等东西使得这位女客人显得雍容华贵,但是她那一幅冷冰冰的样子却让人唯恐避之不及。

其实,这位女士和空姐比起来,还是有很大优势的。但是她之所以没有成为最受欢迎的人,主要是因为她不明白,对于女士来说,脸上微笑的表情要远比那些冷冰冰的衣服重要得多。

钢铁大王安德鲁·卡耐基手下最得力的助手斯瓦伯曾经骄傲地和我说:"我之所以能够成为全美薪水最高的人,主要是因为我有着迷人的魅力。我的人格、我的品德以及我与人相处的秘诀,这些都是我取得成功的原因。然而,我最迷人的地方还是那发自内心的微笑,我的微笑绝对价值 100 万美元。"

女士们,你们一定要记住,甜美的微笑是比任何花哨的言语都更具说服力的。作为一位女士,不管是不是外表迷人,只要你能够向别人微笑,那么你无疑就是向别人表示:"知道吗?我非常非常喜欢你,是你给我带来了快乐,能够见到你使我非常高兴。"

一位大公司的总经理曾经和我说:"我宁愿住进那些虽然有些破旧但却可以随时见到微笑的乡村旅店,也绝不愿意走进一家虽然有着一流的设备,但却看不见一丝微笑的高级宾馆。"美国一家著名的百货公司的人事部主任也对我说:"我从不看重文凭,因为我宁愿去雇用一个笑容满面但却没上完小学的乡下姑娘,也不愿意去雇用一个冷若冰霜的经济学博士。"

的确,任何人都不能抗拒微笑的力量,因为所有人都希望别人喜欢自己。心理学家研究表明,微笑是与人的形象有着奇妙的关系的。虽然微笑不过是一种面部表情,但它却反映出了人的内在精神状态。

如果女士们不相信,可以想一下为什么狗这种动物能够如此招人喜爱?其实很简单,就是因为它们首先向我们表示出喜欢,自然地流露出一种兴奋之情。在这种喜欢的感染下,人类自然把它们当成最忠实的朋友。因此,我应该告诉各位女士,如果你们渴望其他人能够非常高兴地看见你,那么你首先要做的就是非常高兴地看见别人。

不过，我必须要告诉各位女士，我所说的微笑并不仅仅是简单地做出面部表情，而是要求女士们发出真诚的、由衷的微笑。如果女士们在不情愿的情况下做出了机械的、虚伪的微笑，那么只能会招来别人的厌恶和反感。

有一次，我采访美国最大的橡胶公司的总裁，问起他用人的经验。这位总裁微笑着对我说："卡耐基先生，当我决定是否用一个人的时候，往往从见第一面以后就得出了结果。我见过很多人，有成功的也有失败的。如今，我已经悟出了这样一个道理，一个人，不管做什么事，如果他愉快地去做的话，那么他就一定可以成功；如果他不开心地去做的话，那么他就一定不会成功。在我所认识的人中，他们成功的原因就在于乐于经营他们的事业。后来，有些人对他们的事业失去了兴趣，开始变得苦闷，最后走向了失败。"

莎士比亚曾经说："事情本没有善恶，而思想也是一样。"我最崇拜的林肯也曾经说过："大多数人得到的快乐往往和他们想要得到的差不多。"是的，女士们，你们必须清楚，我希望你们能够微笑地面对别人，这并不仅仅是想让你成为最受欢迎的女士。事实上，这也是让你每天都生活在快乐之中的最好方法。

有一次，我正在纽约的长岛车站的阶梯上走，突然看到前面有很多身体残疾的儿童正在拄着拐杖勉强地上阶梯。虽然他们一个个都显得十分艰难，但脸上却并不显得痛苦，反而是挂满了快乐的神情。于是，我就找到他们的管理人员，问这是为什么。管理人员说："你观察得没错，他们的确并不痛苦。因为当一个孩子知道自己终身注定残废以后，他首先会恐慌。但恐慌过后，这些孩子会顺其自然，因此他们比那些正常的孩子还要快乐。"

最后，我面对着那些远去的孩子们敬了一个礼，因为他们给了我一笔财富，让我永远记住内心微笑地面对每一天是一件多么重要的事情。

女士们，我有一样礼物要送给你们。这是一些非常好的建议，你们应该细细读读，也许对你有很大的帮助。

每当你要外出的时候，都应该对着镜子看看自己是不是愁眉不展。然后你应该抬起你的头，挺起你的胸，深深吸一口气，让清新的空气充满你的胸膛。在路上，不管遇到谁，只要是你认识的，你都要微笑着面对他们。如果需要握手，你还必须要集中精神。

没有什么可忧虑的，误会、怨愤、仇恨，这些都不值得一提。当你遇到那些所谓的敌人时，整一整帽子，动一动裙子，然后微笑着向他走去，发自真心地说一句："你好!"

女士们，记住，欲望是一切事情的根源，只要你真心地祈求，那么你就一定会得到。你们的心里最关注的是什么，那么你就一定会得到什么。记住，女士们，放松你们的脸，抬起你们的头，微笑着面对所有人，你将成为明天最美丽的天使。

我真心希望各位女士能够按照我建议的去做，因为那可以让你大受欢迎，而且还能让你快乐无比。古代东方的中国人是非常聪明的，他们深知人情世故。中国人之间流传着一句非常有名的格言，我认为女士们应该把它写在一张纸上，每天都装在身边。这句格言的大体意思是：只有笑着做生意，才能赚到钱。

女士们，想让别人喜欢你，想让你魅力焕发，那么就微笑起来吧。

第五章

做可人的职场女人

友善的言行，得体的举止，优雅的气质，这些都是走进他人心灵的通行证。

——［英］塞缪尔·斯迈尔斯

┃ 工作着的女人有魅力

　　心理学专家斯卡尔·鲁纳德曾经对 2000 名男士做过调查，问他们是否希望自己的妻子在结婚后做家庭主妇，以便让他们能够安心工作。结果，除了那些收入实在太少的男士，其他人都回答说"愿意"。接着，斯卡尔又问他们是否愿意娶一个在结婚前没有工作的女人，结果出乎意料，几乎所有的人都回答说"不会"。

　　这的确是一种奇怪的现象，为什么男人们都希望自己的妻子不去工作，然而却不愿意找一个没有工作的女朋友。我想，这也是很多女士心中的疑问。后来，斯卡尔又问那 2000 名男士为什么会有这种想法，结果很多人回答说："不工作的女人对于我们来说没有一点儿吸引力。因为她们不去工作，就代表她们依赖性很强，也就是说她们不能独立自主。对于一个男人来说，找一个不能独立自主的妻子是件很可怕的事情。"

　　坦白说，就连我也有这样的想法。陶乐丝在结婚以前就曾经做过秘书的工作，应该说她在工作上的出色表现也是吸引我的一个很重要的方面。就在我们结婚的前 3 个月，陶乐丝依然每天都在很努力地工作。我曾经问过她为什么要这么做，结果她说："我要在最后的时间好好享受工作的乐趣，毕竟做一个独立自主的女人是一件让人感到自豪的事情。"

是的，女士们，一个愿意独立自主的女人确实能够得到很多人的认可，其中包括同性，也包括异性。著名的人际关系学家康纳德·斯塔克在一本杂志上发表文章说："在当今美国的女性群体中，最有魅力的就是那些能够或是渴望独立自主的女人。一个独立自主的女人身上所显露出的那种坚强、勇敢、自信等气质要远比那些依赖性过强的女性身上的漂亮衣服和首饰更吸引人。当然，女人的独立自主主要体现在工作上。"

很多人，包括一些女士，都有这样的错误观点。他们认为女性是社会中的弱势群体，经不起现实的冲击。在外面拼搏是男人的事，而女人的主要任务则是好好打扮自己、修身养性，以便做个称职的妻子。美国汤姆斯投资公司财政顾问艾鲁斯夫人非常反感这种观点，她曾经在公开场合发表言论说："一个女人，不管她是什么学历，什么情况，都应该去参加工作。那些妄图将自己的终身幸福全都押在男人身上的女人一定会生活得很悲惨，因为那就代表着她们将自己的命运交给了别人。我一直都相信，只有工作的女人才最风光，也只有工作的女人才能掌握自己的命运。"

那么，艾鲁斯女士是否因为拥有这种"偏激"的想法而招来别人的厌恶呢？我曾经对她周围的人进行过采访，让他们评价一下艾鲁斯女士。

一位男士说："艾鲁斯女士大概是我见过的最有魅力的女人了，因为她身上有很多连男人都没有的东西。她从来没有想过放弃工作，更没想过将自己的命运交给男人掌握。坦白说，虽然这有些伤害男人的自尊，但却让我有一种特殊的感觉。那是一种充满崇敬的感觉，是对一个女人的勇敢和坚强的崇敬。"另一位只见过艾鲁斯女士一面的男士说："艾鲁斯身上有一种让人着迷的魅力，那是一种无法抗拒的魅力。这种魅力并不仅仅是一套职业装能体现的。事实上，我能从她的表情中看出，她对自己的工作充满了热情和兴趣。同时，她的那种精明强干也让所有的人都为之折服。"

曾经有一位"苦恼"的女士找到我，希望从我这里得到一些建议。那位女士告诉我，她现在已经进入两难的境地了。结婚前，她曾经在一家商店做出纳员。后来，为了让丈夫能够安心工作，结婚后她毅然辞去了那份工作。可是，最近家里出了一些变故，经济状况有些紧张，因此她想再次出去工作，可又怕自己的丈夫不同意。我问她是否已经试着和丈夫谈过了，她说没有。于是，我鼓励她去试一试，因为只有尝试过才知道能不能成功。

后来，那位女士终于鼓起勇气和丈夫说出了自己的想法。本来，她以为丈夫一定会责怪自己不顾家。没想到，丈夫却高兴地说："亲爱的，太好了！其实我早就想和你说，只不过怕你不高兴，才没有说出来。"女士感到很奇怪，忙问这是为什么。丈夫回答说："你知道，这个家庭是我们两个组建起来的，所以我们都有义务为它贡献自己的力量。以前，只是我一个人在外工作，有时候真的觉得很累，特别是最近一段时间，我更觉得有些力不从心。坦白说，我真的希望你能够帮我一把。现在，你主动提出愿意替我分担一部分负担，这无疑会让我轻松许多。说真的，这几年主妇的生活让你变得有些颓废，远没有以前做出纳时那么迷人。我更喜欢工作时候的你，因为你是一个出色的职业女性。"

不知道女士们是否注意到，那位女士的丈夫用到了"颓废"这个词。我想，对于那些已婚而且做主妇多年的人，对这个词的理解可能会更加深刻。我的培训班上曾经有这样一位女学员，她已经连续做了 10 年的家庭主妇。她对我说："卡耐基先生，我真的觉得自己如今和一个傻子差不多。现在，我每天的生活就是起床、准备早点、打扫房间、去市场购物、准备午饭、洗衣服、准备晚饭、收拾房间，然后睡觉。是的，每天都重复着单调的生活。现在，我获得信息唯一的途径就是看电视。以前，我也是个追赶时尚的人，而且思想也能够跟得上时代的潮流。然而现在，10 年的主妇生活已经将我和外界彻底隔绝了。我不知道外面在流行什么，也不知道如今的时尚是什么。我终日想的就是如何给丈夫准备一顿丰盛的晚餐，好让他在回家以后不会发脾气。我现在和他几乎没有共同话题，因为在外工作的他总是能接触到很多新鲜事物，而我的脑子里却依然保留着婚前的记忆。坦白说，如今的我已经没有什么魅力可言，因为我已经变成一个没有思想的机器了。"

虽然这位女士如此"颓废"是有其自身的原因，但是不可否认，一个终日在家"工作"的人是无法在第一时间捕捉到潮流的，而且由于生活过于单调，很多人还会患上一些很可怕的"疾病"。

一位专栏作家曾经风趣地说："一个连续做了 5 年家庭主妇的女人会变得唠叨；一个连续做了 10 年家庭主妇的女人会变得很唠叨；一个连续做了 20 年家庭主妇的女人可能变得非常唠叨。然而，这种情况在那些有工作的女人身上却很少发生。"

女士们，我想你们现在一定明白了工作对你们的重要性，所以我知道你们现在一定下定决心要给自己找一份工作。不过，女士们应该清楚，并不是说只要你们工作了就可以让你们充满魅力。相反，如果你们仅仅是为了工作而去工作的话，那么就依然与魅力无缘。

美国家庭产品公司的公共关系副总经理埃德娃·克勒夫人说："我认为，世界上最大的悲剧就是一个人不清楚他喜欢干什么、能够干什么。我始终认为，一个人只把眼睛盯在薪水上是不能将自己融入到工作之中的。既然无法融入到工作之中，那么就不会体会到工作的乐趣。如果连你自己都体会不到工作的乐趣，那么别人从你身上看到的就只有痛苦了。"

的确，女士们如果不能找到一份自己喜欢的工作，就不会将自己的热情投入到工作之中。这样一来，她们在工作的时候就会产生一种惰性心理和应付心理。试想一下，一个每天虽然能够按时上班、按时下班，但却从来对工作没有产生过激情，而且终日抱怨的女士有何魅力可言？我想没有，因为人们看到的不是一个享受工作的你，而是一个正在忍受工作煎熬的你。每当说起工作的时候，你都会皱紧眉头、唉声叹气、唠叨抱怨，这实在谈不上什么有魅力。

女士们，虽然我强调工作着的女人最有魅力，但这并不代表我是在说："只要是有工作的女人就有魅力。"事实上，只有那些把热情、活力、激情注入到工作中的，并且把工作当成一项事业来经营的女士才能称得上是真正的有魅力。因此，如果女士们确信自己能够做到这一点，那就按照自己的想法去做。相反，如果女士们只是为了谋生、打发时间甚至是在看完这本书后想让自己有魅力，那么我认为你们还是放弃，因为毕竟做一名合格的家庭主妇也是非常重要的。

当然，我在这里没有贬低家庭主妇的意思，事实上我一直强调一个好的妻子往往要甘愿放弃自己的乐趣而给男人提供帮助。如果你的丈夫真的需要你做一名家庭主妇，那么女士们不妨放弃这次让自己拥有魅力的机会，因为帮助你的丈夫取得事业上的成就才是最重要的。

▎女人的职场第一原理

去年，纽约职业分析机构公布了一份调查报告，题目为《现代职场女性最担心的问题》。这家机构对 500 名即将参加工作的女士进行了调查，问她们最担心在工作中遇到什么问题。结果，有三分之二的人都回答说，她们害怕遇到一个与自己合不来的上司。

的确，这些担心并不是空穴来风，女士们在进入职场之后所面临的第一个，也是最重要的问题就是如何与自己的上司相处。如果女士们在开始就不能和上司搞好关系的话，那么不仅会让你以后的工作很难展开，同时还有可能断送了你得来不易的工作。

韦妮娜女士在一家公司才工作了 3 天就辞职了，理由是她实在受不了那个骄横跋扈的上司。原来，韦妮娜的上司是个脾气暴躁的人，经常对他手下的员工发火。不过，那些公司里的老员工都很清楚，上司不过是骂两句而已，并不是真的想要伤害到谁，所以老员工们往往都选择沉默，而韦妮娜却不能忍受这种"屈辱"。她认为，自己是来工作的，并不是来这里被别人辱骂的，所以最后她选择了愤然离职。

也许韦妮娜以后真的能够找到一份更好的工作，但她却无疑是浪费了一次机会。最主要的是，韦妮娜在工作的时候往往以自己的标准来要求上司，恐怕能让她开心的工作真的不太好找。因此，我一直都强调，学会与自己的上司如何相处是一件很重要的事情。

然而我知道，与上司搞好关系并不容易，因为每个人都有自己的个性，想法也各不相同。也许，女士们的个性和想法正好与你的上司相反，这样一来就势必会产生冲突，从而影响你们与上司的关系。面对这种情况应该如何应对呢？如果女士们选择置之不理或是干脆愤然离去的话，那么就太不明智了，因为这是最消极的一种做法。事实上，聪明的女士在遇到这种情况时，往往会想办法尽快适应自己的上司，而这也就是女人的职场第一原理。

要想做到能够适应上司，女士们首先就要了解自己的上司，因为只有对自己上司的情况了如指掌，女士们才能想出合适的应对策略。

如何了解自己的上司 >>>

· 把握第一次见面的机会；

· 通过各种渠道获得和上司有关的信息；

· 对上司的人格、处世哲学进行研究。

我想女士们都承认这一点，那就是给上司留下良好的第一印象无疑会有助于你们日后和上司相处，所以女士们一定要把握好这次机会。当然，女士们在与上司接触之前，首先要对你的上司进行一下小调查，不必烦琐，只需实用就可以了。这么做主要是为了女士们在与上司交谈时能够找到共同的话题，以免在谈话的过程中出现尴尬的局面。

我的侄女辛蒂斯就曾经遇到过这样的问题。她曾经顺利地通过了一家大型百货公司的面试，并且成功地见到了那家公司的高层领导。可是，由于她事先没有做好准备，所以对上司所谈的问题一无所知。这虽然没有给她带来太大的麻烦，但却使上司对她的印象大打折扣。

因此，女士们在与上司见面之前，一定要想好该与上司谈论什么问题，而且最好是选择那些上司感兴趣的话题。此外，女士们在与上司第一次见面的时候，最好不要谈论过多的问题，一定要想好问题的重点。如果你的上司跑题了，那么你应该想办法把话题拉回你想谈的重点。

我要和女士们强调一点，你们万万不可只是机械地把自己的问题全部抛出去。事实上，这第一次见面的机会非常有助于你们对上司有一个大致的了解，比如，你们可以了解上司的外貌、气质、言谈举止以及风度等。

同时，女士们在与上司的交谈过程中，还可以试探性问一下上司，看看他对你有什么期望和要求。这样一来，你们就可以有备无患，避免在以后的工作中不知所措。

此外，还有一点很重要，女士们应该抓住这次机会充分地表现自己。毕竟，所有的上司都希望得到一个精明强干的员工。

有了第一次见面以后，女士们就可以开始对自己的上司进行"调查研究"了。不过，我所说的研究并不是指简简单单地知道上司的名字，或者是通过一份资料或一本书来了解他，而是说女士们应该对上司有一个全面性的了解。

萨拉女士刚刚找到一份工作，是在一家公司做产品设计员。为了让自己的工作能够顺利展开，她决定主动和上司搞好关系。可是她知道，自己进入公司的时间不长，与上司接触的机会也不多，如果贸然行动的话，说不定反会给自己招来麻烦。于是，她就开始留心身边的人。经过一段时间的观察，她发现上司对设计部的一个同事非常信任，所以她就开始接近那个同事，并从她口中得知了许多有关上司的信息。如今，刚刚工作3个月的萨拉已经成为了上司眼中的红人，这无疑要归功于她的"聪明才智"。

女士们在收集有关上司的信息时，一定要有所选择，千万不要胡乱地将所有和上司有关的信息全部都找来。那样的话，不但对女士们了解上司没有好处，反而会让你们不知所措，找不出最佳的方法。那么，究竟什么样的信息最为重要呢？

其实，女士们首先要了解的就是上司的人格和处世哲学，因为这直接影响到他的做事风格和行为习惯。关于这方面，女士们可以通过了解上司的个人经历来研究，这样你就能明白他为什么会有那样的习惯和做事风格了。此外，女士们通过研究，还能让自己清楚在日后的工作中应该注意哪些问题或是应该回避哪些问题。

在这里，女士们应该注意的是，如果你能很快地适应上司的做事风格的话，那么无疑就会增加上司对你的好感。曾经有这样一位女士，她到了一家销售公司做销售员。为了显示自己的敬业，在上班的第三天，这位女士就给销售经理打了一份详尽的市场分析报告，希望以此来博得上司的好感。然而，让她想不到的是，销售经理不但没有对她的这种做法表示欣赏，反而说她不务正业，把心思全放在了做表面工作上。这让她感到很伤心，因为那份报告的确花费了她很多心血。

其实，并不是说那位女士写市场分析报告的行为有错误，而是因为她遇到了一位喜欢当面倾听问题情况的上司。那位上司一直都推崇"实干主义"，对这种书面的东西一向反感。所以，当那位女士拿着一大堆文字的东西去烦他时，他才会大发雷霆。

因此，女士们一定要了解上司的行事风格，这样才能首先得到上司的肯定。反过来说，如果你的上司是那种循规蹈矩的人，喜欢别人给他呈上一份正式的书面材料的话，那么女士们就该制作一份精美的报告递给他，而不是在那里唠唠叨叨，让他觉得你是个只说不干的人。

到目前为止，我大约采访过300多名领导层的人物。前段时间，我把这些材料进行整理分析，并把那些上司们进行了分门别类。现在，我把我的研究成果送给女士们，希望能对女士们起到一点借鉴意义。

第一种：权威型上司。

这类上司往往自尊心很强，非常希望得到下属的认可。他们最乐衷于做的事就是时时刻刻教育自己的下属，从而满足他们的虚荣心。面对这种上司，女士们首先要考虑的不是如何做好你的工作，而是如何满足上司的这种心理。你不需要把自己的工作做得非常完美，而是要寻找工作中所出现的问题，然后向上司请教，请求他帮助你解决问题。这样一来，你的上司就会觉得你是十分佩服他的，所以就会对你刮目相看。很多女士抱怨说，为什么很多时候那些并没有出色工作能力的人总是得到提升，而自己却永远得不到机会？其实，很多时候就是因为那些人懂得如何满足上司的这种心理。

第二种：急躁型上司。

像韦妮娜女士遇到的上司就是一个典型的例子。这类人的思想非常激进，以效率作为衡量一切的标准。他们所欣赏的是那些雷厉风行、风风火火、精明强干的职员，所以如果女士们做事拖拖拉拉、慢条斯理的话，就很容易招致他们的反感。此外，这类上司还有一个很有趣的特点，那就是如果你在工作上出现错误，他不一定会责怪你；相反如果你做事消极，则一定会遭到严厉的批评。

第三种：外表冷漠型上司。

这类上司往往给人不可亲近的感觉。他们外表冷若冰霜，但内心却是极其热情。因此，当女士们遇到这类上司时，千万不要被他的外表吓退，而是应该大胆与他们接触，用你的真情融化他冷酷的外表。

第四种：心机颇深型上司。

这类上司往往外表给人一种很亲切的感觉，而且从来不会对员工发脾气，对每个人永远都是笑呵呵的。女士们千万不要被这类上司的外表所迷惑，他们很有可能是笑里藏刀。如果女士们麻痹大意，在无意中得罪了他们的话，那么有一天你很可能会莫名其妙地被赶出公司。

第五种：反复无常型上司。

这种类型的上司往往十分情绪化，喜怒无常，使得下属不知如何是好。其实，这类人往往是心地善良的，只不过是由于难以控制自己的情绪才让人觉得不知所措。不过，这类上司往往在性格上十分敏感，非常在意别人对他们的看法。因此，女士们在与他们相处时，一定要格外小心。当他们心情高兴的时候，你们不妨和他们开一下玩笑甚至提出要求。可是，如果他们的心情很糟的时候，女士们最好少惹他们为妙。

认真做好每一件事

三个月前，我到华盛顿拜访了职业分析专家波尔斯·阿库德先生。本来，我是有一些私事找他帮忙，然而由于职业的关系，我们的话题不知不觉地落到了职场问题上。

当时，波尔斯先生问我："戴尔，你觉得一个称职的、优秀的职员应该是什么样的？"我想了想，回答说："踏实、肯干、敬业、专业技术强……等，这些都是衡量一个职员是否称职的标准。"波尔斯点了点头，说："我同意你的观点，你说的那些的确是很重要。然而，你知道吗？全国每年会有15%的人被自己的老板'无故'解雇，其中也不乏你说的那些人。"我真的有些莫名其妙，因为我不明白他所说的"无故"是什么意思。波尔斯笑了笑说："事实上，很多人之所以在工作上没有取得成功，就是因为他们忽略了日常工作中的小事。相反，那些能够把工作当中每一件小事都认真处理好的人，在最后则一定会获得成功。"

我对波尔斯的话深信不疑，在现实中，的确有人因为一件"小事"而取得了成功，他就是美国标准石油公司的第二任董事长、洛克菲勒的接班人：阿基勃特。

最初的时候，阿基勃特不过是标准石油公司的一名小职员。由于工作上的需要，他经常会到各地出差。阿基勃特有一个习惯，那就是当他出差住旅社的时候，总是要在自己所签名字的下方再写上"标准汽油，每桶四美元"这样一句话。同时，他不管是在写信或是写收据的时候都会这样做。时间一长，他就被同事们称为"四美元一桶"，而他本来的名字反倒被人忘记了。

这件事情被公司的董事长洛克菲勒知道了，他高兴地说："真的没想到，在我的公司居然还有这样一位时刻想着努力宣传公司声誉的职员。这真是太好了，我一定要见见他。"于是，阿基勃特和洛克菲勒有了第一次晚餐经历。

后来，阿基勃特凭借自己的努力终于赢得了洛克菲勒的信任，成为了第二任董事长。当我采访已经退休的洛克菲勒时，他对我说："我也不知道怎么了，但我当时就喜欢上这个小伙子了。的确，一个偌大的标准石油公司每天都有很多的大事需要处理，但我们应该知道，这些大事都是由各种各样的小事组成的。事实上，只有能认真完成工作中每一件小事的人，才能最终做成大事。也许，正是因为阿基勃特身上有这种品质，才让我最终选择他作为接班人。"

女士们，我想你们无一例外地都会把在签名的时候署上"标准汽油，每桶四美元"看成一件小事。的确，这件事微不足道，而且也并不是阿基勃特的分内之事。但是，他做了，而且也非常认真地做了，并且把这件小事一直都坚持下去。我想，在当时的标准石油公司，一定有很多比他能力强的人。不过，那些人大都加入了嘲笑他的队伍，而并没有学着他去做。当然，最后成功的是阿基勃特。

我希望女士们永远记住这一点，每一件工作都是由无数件小事构成的，你们切不可对工作中的小事采取敷衍甚至轻视的态度。全美最大百货公司的拥有者安吉利·达翰尔曾经说："工作中没有小事。那些所谓的成功者其实和普通人一样，每天都在做着一些简单的小事。他们之间唯一的区别就是，成功者从不认为他们现在做的是简单的小事。"

在生活中，很多在职场拼搏的女士都不懂得小事的重要性。在她们看来，只有工作中的大事才能让她们获得成功，因为一件大事就代表着一个大的成就。相反，那些"鸡毛蒜皮"的小事则根本不需要引起注意，因为没有人会把眼光放在那些小成就上。其实，女士们的这种想法是非常错误的，因为一件小事往往更能体现出一个人对待工作的态度，也更能体现出一个人的工作能力。

玛丽在一家餐馆做服务员，和其他人一样，她每天都过着枯燥、乏味和无聊的生活。对于其他服务员来说，她们工作中的大事就是小心谨慎地记录下客人所点的菜，然后准确地将这些菜送到每一个餐桌上。至于别的，她们根本没有考虑过。可是，玛丽却和她们不一样。她每天除了会把那些"大事"做好之外，还注意认真做好一件"小事"，那就是不忘给每一位客人送去一个甜甜的微笑。就这样，玛丽在工作的时候结交了很多朋友。

后来，玛丽辞去了服务员的工作，自己开起了餐馆。因为玛丽在以前就很受人们喜欢，所以她的生意非常好。有人曾经这样说："老实说，玛丽餐馆的东西并不是全镇最好的，可是她的微笑无疑是全镇最美的。我们到这里除了用餐之外，更主要的是想体会到那种美妙的感觉，这在其他餐馆是体会不到的。"

玛丽女士这种无意间的行为恰恰与希尔顿饭店的创始人，被称为世界旅馆业之王的康尼·希尔顿不谋而合。希尔顿也十分注重工作中的小事。在一次工作例会上，他曾经和他的员工说："我希望大家能够永远牢记，不管在什么时候，我们都不可以将自己心中的烦恼挂在脸上！不管我们的饭店遇到什么困难，我都希望看到你们的脸上挂着微笑，那对于顾客来说就是明媚的阳光。"的确，正是这不起眼的微笑，才使得希尔顿饭店遍布世界每个角落。其实，一件大事本来就是由无数小事组成的。对于士兵来说，打仗无疑是最大的一件事，可是如果他们平时没有做好队列训练、战术操练、巡逻侦查、擦拭枪械等小事，那么他们在战场上必将遭遇失败。因此，女士们应该反省自己，看看自己是不是此时正对那些小事感到厌烦，是不是被那些毫无意义的小事磨得提不起精神来？我想，那些女士现在就应该是在敷衍了事，而且心中充满了懈怠的心理。如果真是这样的话，我希望那些女士不要老是抱怨自己不能成功，也不要老是说环境没有给你成功的机会。事实上，是她们亲手葬送了很多机会，让一件件小事把自己拖入失败的深渊。女士们，你们应该明白，工作中的确有很多枯燥、乏味、无聊的小事，但这就是你的工作。对于一份工作来说，是没有什么小事可言的。女士们只有把每一件小事都认真地处理好，才能最终完成大事。

认真处理好小事的意义 >>>

· 只有做好小事才能完成大事；
· 成功是由若干大事组成的，而每件大事中则包含着无数小事；
· 认真做好每一件小事代表着一种锲而不舍的精神。

也许，很多女士并不理解第三点，因为她们认为真正的精神应该是体现在那些大事上的。事实上，如果女士们能够把每一件小事都认真地处理好，那么就代表着你们有了一种坚持到底的信念，有了一种踏实肯干的态度，也有了一种自发自觉的责任感。同时，小事有时候也代表了希望，能够激励女士们勇敢、坚强地面对现实中的困难。

里斯纳准将参加过第二次世界大战，曾经被纳粹囚禁过 7 年之久。在最初的 5 年，他感受到了失去自由的痛苦。每一天，他都独自居住在那狭窄的牢房里。冬天的时候，寒风透过窗户吹得他刺骨，而夏天的时候则又让人感觉酷热难耐。同时，里斯纳还要忍受营养不良和缺少新鲜空气的折磨，当然更谈不上得到什么人的安慰。

女士们一定没有体会过那种感觉，它完全可以把一个正常人逼疯。里斯纳每天都感到非常沮丧，有时候真的想仰天长啸一番。可是，为了不让敌人因为他的沮丧而幸灾乐祸，他只好用内衣把自己的嘴堵上，以便不发出声响。

这天，里斯纳沮丧到了极点，他已经被这种痛苦折磨得没有了一点力气。他躺在地上，默默祈祷能早一天结束这种生活，哪怕是用死亡的方式。他把眼睛贴在砖墙上，目的是希望自己能够找到一丝空隙。他找到了，一块空心砖真的有一道裂缝。后来，里斯纳在回忆时说："那道裂缝给了我希望，因为我又一次看到了外界，感受到了自由的气息。虽然，那道裂缝很小，也很微不足道，但我却从中看到了我的未来。我坚信，我不属于这里，总有一天会从这个鬼地方出去。就这样，我以乐观的心态度过了最后两年的牢狱生活。很不幸，我的很多战友由于没有看到这一丝的希望而放弃了重获自由的机会。"

女士们，那道裂缝是一件小得不能再小的事情，可是却让里斯纳获得了希望。其实，生活中很多小事都给女士们提供了成功的机会，只不过因为你们忽视它的存在，所以才让你们与成功失之交臂。

我知道，很多女士参加工作并不简简单单地是为了解决生存问题。事实上，很多女士都曾和我说，她们和男人一样，也有一颗事业心，也希望通过自己的努力闯出一片天地来。我支持女士们的想法，也对你们表示钦佩，然而，我不希望女士们一次次地浪费掉成功的机会。我希望女士们从现在开始，重视那些工作中的"小事"，并且认真地将它们做好。相信我，这对你们有好处。只要你们能够做到这一点，那么成功就会离你们越来越近。

养成好的工作习惯

不良习惯对于每一个人来说都不是天生就有的，通常都是后天慢慢形成的，我承认，有些不好的工作习惯并不会给女士的工作带来多大的麻烦，更不会对你们的事业有什么直接的、严重的冲击。如果是这种不良习惯，我们或许还可以睁一只眼闭一只眼，暂且放过。可如果是那些对我们的工作、事业乃至家庭幸福都产生严重影响的坏习惯，我们则应该毫不犹豫地改正它。因此，养成良好的工作习惯就成为了一件非常重要的事情。

需要培养的第一种好的工作习惯：让自己的办公桌整洁干净。

几乎所有的成功人士都有保持办公桌整洁这样一个好习惯。芝加哥西北铁路公司的总裁罗兰·威廉斯曾经说过："我可以在最短的时间内帮助那些终日被无休止的文件搞得头疼的人处理好他们的工作，方法很简单，那就是别让自己的桌子上堆满东西。他们应该将自己的桌子清理干净，仅仅留下那些和自己当前需要做的事情有关的东西。这一点非常有效，因为它会使你的工作顺利地进行，并且还不会出现错误。应该说，这是使你工作迈向高效率的关键一步。"

威廉斯先生说得一点都没错，因为早在几百年前诗人波普就曾经说过："秩序是天国的首要法则！"时至今日，这句名言仍然被刻在华盛顿国会图书馆的天花板上。的确，秩序是所有领域的首要法则。如果足够细心的话，女士们会发现，很多职业女性都习惯把所有的文件和资料堆在自己的办公桌上，然而却往往几星期都不去看上一眼。一位在多伦多报社工作的女士在一天清理办公桌的时候居然发现了自己两年前丢失的打字机！这真是件可怕的事情。

还有一点我必须提醒各位女士，如果你的办公桌被你搞得乱七八糟的话，那么就一定会让你产生恐慌、紧张和忧虑的情绪。更可怕的是，如果你经常为这些看起来永远处理不完的事情忧虑的话，那么得到的将不仅仅是紧张和劳累，更有可能是溃疡病、高血压甚至于是心脏病。

很多女士对我说的话不以为然，认为仅仅通过清理桌面不可能达到缓解忧虑、紧张或是疾病的效果。那好，我给女士们讲一个事例，也许会让你们改变想法。

美国精神病研究协会成员、著名精神病专家威廉·斯德勒医生曾经遇到过这样一位病人：她是一位女强人，有着令很多职业女性羡慕不已的职位——在纽约一家非常大的公司做高级主管。当斯德勒第一次见到这位女士时，她的脸上分明挂满了忧虑、紧张甚至是恐慌。女士对他说，作为一名女主管简直太累了，每天都有忙不完的事情。她心中清楚，自己以这种不佳的状态对待工作非常不好，然而自己却没有办法停下来休息一下，因为竞争太激烈了。

正当女士向斯德勒医生诉苦的时候，电话铃突然响了。"那电话是医院打来的，"斯德勒对我说，"我记得很清楚，当时我丝毫没有迟疑，马上对问题做出了处理。事实上，这是我一贯的风格，因为我从来没有拖延问题的习惯。后来，电话又接连响了几次，而我都是马上就把问题处理了。其间，还有一位同事进来向我询问一位病人的病情。当我把所有的事情处理完之后，时间已经过去一个小时了。我知道我有些失礼，因此非常诚恳地向病人道歉。然而，让我惊讶的是，这位病人非但没有接受我的道歉，反而容光焕发地对我表示感谢。"

原来，斯德勒医生已经用自己的实际行动给那位女士上了一课。女士说："您为什么要向我道歉呢？在刚刚过去的一个小时里，我突然明白了很多事情，也终于找到了我之所以如此烦恼的原因。我已经决定了，回去之后马上改变我的工作习惯。不过，我有一个小小的请求，能不能让我参观一下您的办公桌？"

斯德勒医生同意了她的要求，打开了自己桌子的所有抽屉。事情果然如那位女士料想的一样，抽屉里除了几件文具之外，再也看不到其他东西。女士问道："请问，您把您要处理的那些事情都放在哪里了？"

斯德勒笑着说："要处理？不，没有，因为我已经都处理完了。"

女士又问："那您是怎样安置那些等待回复的信件呢？"

斯德勒又说："我从来不会积压任何信件，每当收到信的时候都会立刻交给秘书处理。"

两个月以后，斯德勒接到这位女主管的邀请，去参观一下她的新办公室。斯德勒惊呆了，因为这位女士好像完全变了一个人，当然她的桌子也完全变了。医生打开了所有的抽屉，发现里面居然没有一份等待处理的文件。女主管笑着说："两个月前，我自己拥有两间办公室，还有三张办公桌，但这依然不能满足我的要求。那时候，随处都可以看见属于我的、需要处理的东西。然而，从您那里回来之后，我马上着手清理垃圾，结果扔掉了有一卡车的废旧文件。如今，一张办公桌对我来说已经足够了，而且我也会把所有的文件都当即处理掉。如今，我再也不会为堆积如山的文件而烦恼了。我惊讶地发现，如今的我身体也没什么不适了。"

需要培养的第二种好的工作习惯：做事一定分清轻重缓急。

很多在事业上取得成功的人士都为女士们树立了很好的榜样。相信女士们一定听过亨利·杜哈蒂这个名字，他是如今已经遍布全美的城市服务公司的创始人。在一次演讲中，杜哈蒂曾经说："有两种能力可以把人带入成功之路，一种是很强的思考能力，另一种就是分清事情轻重缓急的能力。"

查理·罗德曼是杜哈蒂的忠实追随者。经过十几年的努力，他已经从一个穷小子变成了身价百万的派索公司总裁。在给别人介绍成功经验时，罗德曼说："我有一个非常好的习惯，那就是每天早上都会在 5 点起床，然后计划好我一天需要做的事情，而且制定计划是以事情的轻重缓急程度为标准的。我这么做也是有理由的，因为在那个时段，我的记忆力和思考力最棒。"

的确，查理·罗德曼的这种工作习惯给他带来了很多好处。美国最伟大的女性推销员之一，莎拉·卡特也有很好的工作习惯。每天还不到五点的时候，莎拉就已经起床了，并且把这一天要做的事情都安排得妥妥当当。她比罗德曼还要聪明一点，因为她总是在头天晚上把所有的资料都预备好，总是会预先定下每天的销售额。如果因为各种原因没有完成的话，她就把所剩的数额加到第二天。

我承认，任何人都不能总是准确地按照事情的轻重程度去做，然而我们至少可以按部就班地去做。无数的事例证明了一点，这种做法虽然不一定最有效，但却远比那种想到哪做到哪的做法好得多。

　　需要培养的第三种好的工作习惯：高效率地利用工作时间。

　　伊丽莎白女士曾经是我的学生，如今已经是美国钢铁公司董事会中的唯一一位女董事。有一次，伊丽莎白找到我，对我说："那帮董事会的董事们不知道每天在搞什么？不管办什么事都喜欢拖拖拉拉！很多问题虽然被提出来，但却一直都是讨论、讨论，很少能在会议上当场解决。"

　　在我的提议下，伊丽莎白女士终于决定劝说那些董事，最后董事会做出这样一个规定：每次董事会只提一个问题，但这个问题必须得到解决，否则就不结束会议。

　　这一方法果然有效，从此钢铁公司的董事会的备忘录中没有等待处理的事情了，行事表也没有被所谓的预定处理的事情挤满。每个人现在都过得非常轻松，因为他们再也不用每天都抱一大摞资料回家了，更不会为那么多不能解决的事情感到烦恼了。

　　女士们，既然这个方法对美国钢铁公司的董事会有效，那么它也一定适用于我们每一个人，所以我认为女士们应该尝试这种做法。

　　需要培养的第四种好的工作习惯：懂得如何授权，并且善于组织和监督。

　　这一条很适合那些坐到领导位置上的女士。很多女性领导不懂得如何给他人授权，因此使自己过早地走向失败。她们往往凡事都要求身体力行，结果自己的精力被那些无关痛痒的小事所消耗，怪不得她们每天都会觉得匆忙、烦躁、紧张。我知道，要做到这一点并不是非常容易的事，至少我一直都是这么认为的。尽管如此，我还是希望女士们尽力而为。一个聪明的、成功的女性领导应该懂得如何让别人替你工作。如果做不到这一点，那么恐怕你就永远摆脱不了劳累、忧虑的命运。

女士们，请你们牢记，成功的行为永远始于良好的习惯。虽然我不敢保证女士们按照上面几点去做一定能够取得很大的成功，但我可以保证女士们一定会把工作变得轻松、快乐。我一直都强调一点，不管做什么事情，快乐才是最重要的，工作也是一样。

▎自如应付同性的嫉妒

曾经有人说："嫉妒是女人的天性。"我不同意这种观点，因为它听起来太偏激。然而，有一点女士们不得不承认，在竞争非常激烈的办公室，女同事之间很容易因为各种事情而产生嫉妒。虽然我们可以让自己不去嫉妒别人，但却不能保证别人就不嫉妒我们。事实上，有一些女士就是有这样一种想法，那就是她们办不成的事情最好别人也办不成，她得不到的东西最好别人也不能得到。

在职场中，如果你是一个非常出众的女人，那么你一定会时刻感受到来自于身边同性的嫉妒。她们嫉妒的范围包括你的职位、工作能力、上司对你的赏识、你的外貌、衣着乃至于你的家庭状况。虽然嫉妒并不会给你带来直接的危害，但却难免会为你以后的失利埋下隐患。因此，当女士们在办公室遇到同性嫉妒的时候，一定不要立刻还击或是置之不理，而是应当巧妙地应付她们的嫉妒，甚至将她们变成你的朋友。

　　爱美是女人的天性，这也就造就了女人天生对美就有很强烈的执着。因此，女性最容易引起同性嫉妒的地方就是外在的美貌。你的女性同事也许可以容忍你的职位比她高、薪水比她高、能力比她强，但绝不能容忍你比她美丽，成为办公室的焦点。虽然外貌、仪表、风度在很大程度上与是否能够得到更好的工作机会没有关联，但是几乎所有的女性都无一例外地对长相比自己漂亮，着装比自己迷人的女人怀有"敌意"。试想，如果是在这种敌视的情况下一起工作，那么女士们所在的办公室的气氛一定会非常紧张。

　　丽莎今天第一天上班，所以在与同事们接触的时候处处都显得十分小心，因为在这之前，曾经有人告诫过她，办公室的生活是非常复杂的。为了能够给别人留下好印象，她还特意打扮了一番，化了淡淡的妆，又配上了一条漂亮的连衣裙，加上丽莎本来就天生丽质，因此她显得十分漂亮出众。丽莎本以为自己一定可以很快融入到办公室的生活，可不想单位里的女同事没有一个愿意理睬她，肯跟她接近的反而是那些男同事们。丽莎不明白，难道自己就真的那么让人讨厌吗？虽然她尽全力地和每一位女同事接触，但似乎所有人都对她怀有敌意。其中，有一位女同事还挖苦道："怎么？第一天上班就打扮得这么漂亮？这有什么用，我们工作是靠能力的，不要以为打扮得漂亮点就能引起老板的注意。"丽莎觉得很委屈，因为她从来没有这样想过，于是她找到我寻求帮助。

　　我分析了丽莎的情况，发现所有问题的症结就是出在丽莎的"漂亮"上。于是，我对丽莎说："丽莎，上班的时候打扮得漂亮一点这无可厚非，但你很容易让别人有一种自卑的感觉。看得出来，你对穿衣打扮很有品位，那你为什么不把你的经验和大家分享呢？"

丽莎听了我的建议。第二天上班的时候，她主动和其他女同事打招呼，并且将自己穿衣搭配的技巧、美容的方法等全都告诉给了她们。这一招果然有效，那些女同事一个个听得津津有味，纷纷向丽莎提出问题，并且表示希望丽莎以后能多教她们点这方面的知识。如今，丽莎已经成为了办公室中最受欢迎的人了。

事实上，这一点正是利用了女性的自然心理。虽然女性很容易对同性的美产生嫉妒，但她们更渴望得到对方的美。因此，如果女士们在面对同事对你的"美"的嫉妒的时候，那么不妨忍痛割爱，将自己的美"分出"一部分给对方。这样一来，你们一定可以获得同事的好感，从而拉近与她们的距离。

如果女士们没有"美"的资本，那么在工作中，你们最容易惹同性嫉妒的恐怕就是你所取得的成绩了。事实上，这种嫉妒心理是男人和女人都有的。试想一下，同样是在一个办公室，同样是做一样的工作，凭什么你就要比她们的薪水高？凭什么你就得到晋升的机会？因此，你在工作上所取得的成就难免会让你的同性同事嫉妒你，特别是那些年龄比你大，入行比你早，且资历比你深的人。在她们看来，晋升机会本来就该属于她，而你则一定是通过要什么"阴谋诡计"才得到的。

面对这种情况女士们该如何处理呢？有些女士会非常生气，因为她知道自己是凭借努力才取得今天的成绩的。因此，她对这种嫉妒非常厌恶，决定采用沉默来回应。其实，女士们大可不必动气，还是先来听听专家的意见。

加州大学心理学教授卢克尔斯·庞德曾经说："很多时候，嫉妒其实是一种很可怜的心理。拥有这种心理的人往往是因为'自己的东西'被别人抢走了，所以内心感到很失落，进而产生嫉妒。其实，应对这种嫉妒的方法很简单，那就是找一些你不如他的地方，让他把心思放在那上面。这样一来，原本失衡的心理变得平衡，从而消除了嫉妒心理。"

诺丽在一家百货公司工作。由于她能力突出，人又精明强干，所以很快就得到了老板的赏识，被提升为部门经理。虽然升职是一件好事，可诺丽却怎么也高兴不起来。原来，在这之前，诺丽和部门的女同事之间相处得非常好，那些比她进入公司早几年的老员工还经常给她提供帮助。可是现在，自从诺丽当上部门经理以后，以前的那些同事就开始疏远她。

开始的时候，诺丽还以为是自己当了部门经理以后与员工产生了距离，后来才发现，原来员工是故意和她"过不去"。她曾经无意间听到两个老同事说："诺丽凭什么做部门经理？她不过才来公司一年而已，而我们已经在公司勤勤恳恳地干了 3 年。不知道她会什么魔法，居然能让老板如此器重她？说不定，她是用了一些不正当的手段，要不她怎么可能这么快被提升？"诺丽听后很伤心，也觉得很委屈，因为这是她最不想看到的局面。

不过，诺丽是个聪明的女士，并没有坐以待毙，而是想办法主动解决问题。这天，诺丽把所有的同事召集在一起，给她们开了一次会。在会上，诺丽首先对同事的工作做出肯定和表扬，并对她们以前给自己的帮助表示感谢。不过，诺丽看得出来，那些以前的同事并不领她的情，相反认为她是在虚伪地扯谎。诺丽并没有着急，而是对她们说："你们一定以为我现在过得很快乐，其实我真的很怀念以前做普通员工的日子。知道吗？当你们每天下班后和家人团聚的时候，我却要留在公司继续工作。虽然看起来我要风光一些，但你们却体会不到其中的苦恼。我现在压力很大，也很容易发脾气，因此经常和丈夫发生争吵。说真的，做一名女性经理并不是一件容易的事。如果老板肯给我一次机会，我宁愿回到原来的岗位上。"开始的时候，那些女同事还以为诺丽是在惺惺作态，可后来她们发现，诺丽说的全都是自己真实的感受，所以心中不由得同情起她来。

从那次会议以后，诺丽发现同事们改变了对她的态度，开始和她越来越亲近。另外，很多女同事居然还主动给她提供帮助，替她分担一部分工作。此外，这些同事还经常在一起说："天啊，我们的诺丽真是太可怜了。与她比起来，我们还算幸福的。"

女士们，不要以为这是一种示弱的做法。事实上，如果你让她们觉得其实你也是很难的，有些地方不如她们，而且你还必须老老实实低调地做人，那么就会让那些嫉妒者感到心理上的平衡，使她们对你产生一种同情心理，从而消除她们的嫉妒心。

其实，女士们仔细观察就不难发现，所有的嫉妒都是在名和利的基础上产生的。很多时候，一些女士之所以会招来同性同事的嫉妒，很大程度上是因为她们对自己的利益过分看重，总是在工作中追求太多的利益。这样一来，同事们就会对她们的这种做法感到很反感。再加上同事的利益也被她们剥夺或占有，因此不免产生出嫉妒来。

老实说，这些在工作上所谓的名利并不一定就会给女士们带来很多的好处，相反会给女士们招来同事们的嫉妒。由于她们嫉妒你，所以就必然疏远你、仇视你。久而久之，紧张的办公室气氛会让你觉得身心疲惫，并且失去了良好的人际关系。我奉劝那些女士，希望她们不要去盲目地责怪别人，应该首先反省自己，看看是不是自己对利益过分追逐的做法在有意或无意的情况下伤害到了同事，是不是因为这个原因才使得自己处于孤立的处境？如果是这样，那么她们就该赶快想办法解决了。

其实，应对这种嫉妒有一个小窍门，那就是满足对方获得名利的心理。女士们不妨从自己获得的名利中，挑选出那些细小的、对自己前途没什么大影响的好处，然后谦让地将这些东西分给其他同事。其中，女士们要特别注意，当你所在的部门获得了某一特殊荣誉时，千万不要将它据为己有，而是要大方地分配给每一个人。虽然荣誉没有什么实在的意义，但却可以满足所有人的心理。

女士们，当嫉妒发生在你身边时，不要慌张，只要你们找到对方嫉妒你的原因，并且对症下药，那么就一定可以圆满地解决。我相信，女士们一定会凭借聪明、智慧，使自己成为办公室中的明星。

第六章
让你的家庭生活幸福快乐

　　雄性化的女人失去了女性应有的温柔，失去了女人应有的魅力。女性气质的衰败是爱情和家庭的一大心理灾难。

——［苏］尤里·留利柯夫

▎女人的爱好，男人的"运气"

夫妻之间如果能够分享同一件东西无疑是一件非常美妙的事情，不管这件东西是一杯茶或仅仅是一个突发奇想。这种行为会增进夫妻之间的感情，使双方的关系更加亲密。如果妻子能够拥有和丈夫相同的爱好，也就是说和丈夫分享一种兴趣的话，那么他们的家庭一定美满和谐。这也就是我为什么说，女人的爱好就是男人的"运气"。新泽西的婚姻关系专家克里斯·瓦德赫兹曾经对美国250对夫妻进行过调查。他发现，凡是那些婚姻比较成功的家庭都有一个共同的因素，那就是夫唱妇随。

女士们此时一定想知道，夫唱妇随究竟是有哪些要素呢？其实很简单，比如夫妻之间共同的爱好、相同的朋友以及一致的生活目的等。不要小看这些东西，正是它们才把人们紧密地联系起来。我一直都习惯以事实来证明我的观点，现在就请女士们和我一起看看实例吧！

亚兹·莫里夫妇无疑是美国最著名的一对夫妻。亚兹和他的妻子凯瑟琳已经结婚28年了。这些年以来，夫妻二人一直都并肩作战，一起教学生舞蹈。夸张一点地说，他们有可能是有史以来拥有学生最多的老师。

为了探求他们婚姻成功的秘诀，我专程拜访了凯瑟琳。之所以这样做，是因为我一直都坚信，妻子才是决定婚姻是否成功的最关键因素。见到凯瑟琳之后，我开门见山地说："我真的佩服你们，难道你们天天在一起工作不会使生活陷入单调和无聊之中吗？在我看来，要想把工作和私人生活区分开简直是一件非常困难的事。"

　　凯瑟琳笑了笑说："其实这没什么困难的，只要我稍作休息就可以办到了。我一直都有个原则，那就是一定要把自己打扮得漂亮些。这可不是为了取悦其他的男性，因为我只在意丈夫对我的看法。这些都是次要的，最主要的是我能和丈夫一起分享共同的嗜好。我们两个喜欢运动，也都喜欢游戏。只要一有空闲，我们就会一起去享受这种乐趣。就在上一周，我们还一起去了百慕大旅游。应该说，正是这种共享生活的乐趣，才使得我们的关系永远密切。"

　　我承认，如果一个家庭把工作当成生活中的最重要的事情的确会很枯燥乏味。可是，如果妻子能够巧妙地运用一些小技巧，和丈夫拥有相同的爱好的话，那么你就一定可以达成心目中"夫唱妇随"的愿望。美国著名的心理学杂志《临床心理》上曾经这样写道："共同的兴趣、相同的气质，这些都是塑造完美婚姻的必要因素。然而，与迎合对方的兴趣比较起来，这两点又显得微不足道了。"

　　有些女士可能会抱怨说，自己和丈夫根本没有什么共同爱好可言，也不觉得和丈夫拥有同样的爱好是一件很重要的事。相反，她们认为这是一件有失尊严的事，因为她们觉得为什么改变的一定要是女方而不是男方。

　　我想，有一点你们不得不承认，那就是你的地位恐怕不会再比居住在尼罗河附近的古埃及艳后克娄巴特拉高贵。可是，这位埃及的女王却掌握这一门控制男人的技巧，那就是和他们分享嗜好。一位历史学家曾经这样评价说："尽管克娄巴特拉算不上是一等一的大美人，但是她却有一个致命的法宝，那是一种和别人分享嗜好和快乐的能力。"

为了让附属国忠心效劳，克娄巴特拉几乎学会了他们所有的语言。当那些使者带着贡品前来朝贡时，克娄巴特拉就会用他们的家乡话和他们交谈。虽然她说不出什么精美华丽的语言，但却赢得那些人的好感。

古罗马帝国的大将军安东尼非常喜欢钓鱼。当他远征埃及的时候，克娄巴特拉就放弃了自己日常的享受，甘愿陪同安东尼钓鱼。据说，有一次安东尼将军整整半天也没有钓到鱼，所以非常恼火。这时，克娄巴特拉就找来一个奴隶，让他悄悄地潜入水中，在将军的鱼钩上挂了一条大鱼。安东尼将军自然是喜出望外。

此外，这位将军还喜欢赌博。于是，克娄巴特拉就约上安东尼，一起化装成平民，然后就一同前往亚历山大的地下赌场豪赌一番。总之，克娄巴特拉不管做什么，首先考虑的都是安东尼是不是喜欢。

如果换成是那些女士，恐怕事情就没有这么乐观了！她们才不愿意为了一个什么将军而放弃华丽的衣服，还要去忍受潮湿和严寒。当然，她们也没有兴趣去陪丈夫钓什么该死的鱼。

曾经有很多孤单且不快乐的太太和我抱怨，说他们的丈夫把唯一的休息时间都浪费在高尔夫球场上了。我为这些女士感到可惜，为什么她们不能学学克娄巴特拉呢？我的好朋友富丽茜·萨姆德就学会了克娄巴特拉的技巧。

瑞阿·萨姆德是一位著名的工程师，很多非常有名的建筑都是他设计的。这位工程师在年轻的时候就酷爱运动，还参加过奥林匹克游泳代表团，也曾经获得过高尔夫比赛冠军。富丽茜刚嫁给瑞阿的时候，对体育简直一窍不通。不过，富丽茜仅仅用了几年时间就学会了打高尔夫球。不光这样，这位貌不惊人的小夫人居然是三次女子游泳比赛的冠军。富丽茜这些成绩是如何取得的，相信不用我再多说了。

假设我的这位朋友不去和丈夫分享他的嗜好，当然更不可能会不厌其烦地专心研究，那么这对瑞阿先生来说无疑是一场悲剧，因为它必须放弃生活中很多有价值的活动。当然，还有另外一种情况，那就是当瑞阿先生在外面玩得兴起的时候，可怜的富丽茜只得独守空房。

我的邻居阿迪加·赫斯太太可没有富丽茜的耐心，她才没有兴趣去参加什么体育活动呢。不过，她总是会陪丈夫去看体育比赛，因为他丈夫喜欢这些东西。阿迪加太太知道，她的丈夫在工作了一天之后，很需要放松一下，至少也应该让他喘一口气才行。

我绝对不会相信，一个妻子如果和丈夫有共同的爱好，并愿意在一起享受这种爱好带来乐趣的话，她的丈夫还会冷酷地将妻子丢在家里？你的丈夫绝对不会把你一个人留下，然后独自去享乐的。当然也有例外，一种情况是这个家伙是个无可救药的、彻彻底底的自私者，另外一种情况就是你的丈夫也许根本就不爱你。如果没有这两种情况，那么就只能说明你做的还不够，因为你没有尽到自己应尽的责任，使你的家变成一个快乐的、诱人的休憩小屋。

弗朗西斯·苏特夫人家住纽约。后来，她在一次旅行的途中认识了苏特先生，两人一见钟情，并很快结了婚。然而，婚后的生活并不像弗朗西斯女士想像的那样美好，实际上那时候的生活非常不愉快。女士们都知道，一对新婚夫妇正应该是最甜蜜的，按理说两个人应该一刻也不想分开才对。可是，苏特夫妇却不是这样的。尽管弗朗西斯热切地希望自己的丈夫能够把周末的时间留给自己和家庭，但是苏特先生却从来没有过。不只这样，苏特先生有时甚至把所有的休闲时间都花费在和朋友外出旅游上。他的这种做法让苏特太太很伤心。

不过，苏特太太并没有唠叨，也没有抱怨，更不是跑回娘家向自己的家人哭诉。苏特太太找到我，因为她知道一定是自己身上出了问题。她希望我能够给她提供帮助。我问苏特太太："你知道你丈夫对什么最感兴趣吗？"苏特太太想了想，说："爬山？不，也许是划船。哦，也不是，可能是旅游。等等，让我想想！啊！应该是打猎！我想是的。"我笑着对苏特女士说："如今，你连你丈夫的爱好都不知道，恐怕我是不能帮你了。"

就这样，苏特太太开始回去潜心"研究"丈夫的爱好。经过一段时间的观察，她发现自己的丈夫原来是一名具有专家水准的象棋爱好者。于是，苏特太太就缠着丈夫教她下棋。开始的时候，苏特太太还只是假装喜欢，等到后来她真的喜欢上下棋了。如今，她已经是一个非常高明的象棋选手了。

此外，苏特先生还很喜欢参加各种各样的舞会。于是，苏特太太就想尽办法把家布置得非常舒适。这样一来，她的先生就可以经常带朋友来家举行舞会，而不是要跑到外面去疯狂了。

现在，苏特夫妇已经结婚多年，而这种做法还一直发挥着作用。自从苏特太太改变自己以后，苏特先生就很少外出了，甚至于现在苏特太太想让他出去都不行。有一次，苏特太太对我说："谢谢你，卡耐基先生。如果能够使丈夫过得快乐，那无疑是我们做妻子的所能做的最重要的事。我现在没有什么理想，最大的愿望就是与丈夫和睦相处，成为一名快乐的家庭主妇。"

是的，苏特太太已经让自己的丈夫快乐了，而且她也成为了一名快乐的家庭主妇。如果女士们还没有做到，那么就赶快改变一下自己的爱好，因为女人的爱好，就是男人的"运气"。

| 高效率处理好家务

上星期天，我和妻子一同到马格丽·威尔逊女士的家中参加了一次自助晚宴。马格丽女士是个成功的女性，她所写的《怎样超越自己的平凡》和《变成理想中的女人》这两部书销路非常好。在女性眼中，马格丽完全代表了一种权威的形象和仪态。我承认，马格丽女士的确很出色，可以称得上是一名出色的模范人物。

那天晚上共有8位客人，除了我和我妻子以外，其他的都是政界人物。整个宴会非常成功，房间布置得很迷人，饭菜也非常可口，更难得的是马格丽女士一直都陪着我们，直到晚宴结束。我奇怪为什么马格丽女士在没有佣人帮助的情况下，举行这样一场大的宴会居然没有丝毫劳累的迹象。出于好奇，我向马格丽询问了其中的奥秘。马格丽笑着说："瞧你说的，戴尔！这里其实根本没有什么秘密，所有的事情我都是采用最简捷的方法做出来的。"

原来，早在我们到达之前，马格丽就已经把鸡炸出来了。当我们品尝鸡尾酒的时候,仆人已经按照事前的吩咐把鸡放进了烤箱。美味的水果沙拉是用罐头做成的。青豆早在下午就煮好了,宴会开始后只需把它和蘑菇一起放进锅里就行了。当正餐快要结束的时候,仆人们就马上把冰激凌放在了事前拌好的水果上。

天啊,这一切看起来多么简单啊!我不得不说,马格丽是世界上最精明、最会处理家务的主妇了。然而,很遗憾的是,有一些家庭主妇做得却远远不够。在她们看来,请客是一件浪费时间的事,因为有很多东西需要准备,比如外形讲究的餐具、美味精致的食物以及能让客人满意的一些特殊配料。当客人们高兴地敲开大门时,迎接他们的是一个疲惫不堪的女主人。

可能有些女士不相信我的话,那我就再给女士们讲一个故事。二战结束后,我和我妻子曾经在欧洲待过一段时间。有一次,我们受邀去一位教授家里共进晚餐。上帝,那大概是我这辈子吃过的最痛苦的晚餐。

我们刚进家门的时候,只看到了那位教授。教授解释说,他的妻子十分看重这次晚宴,因此亲自下厨房,帮助佣人做菜。过了很长时间,我们总算见到了这位夫人。可是她一直都神色慌张,还没和我们说上两句就又回到厨房投入战斗。

宴会开始了,我承认所有的食物都非常美味,但我实在受不了这种氛围。当一道菜快要吃完的时候,女主人马上就会跑到厨房,帮助仆人准备下一道菜。我觉得我们是在进行一场战争,因为晚宴结束后我们每个人都长长出了一口气。我知道,这位夫人并不是故意的,只是她不知道怎么做才是最简便的而已。

其实这并不是什么很困难的事,如今人们已经发明出了很多非常神奇的东西，比如罐头食品、冷冻食物以及各种很方便的家用工具。美国的家庭主妇们完全可以把这些东西利用起来。人类一直都在向文明的方向发展，为什么女士们不能充分地利用这些文明的产物呢？事实上，这些东西真的可以让你省去很多时间和精力，而且效果也是很令人满意的。

我知道有些女士会说，那些罐头和冷冻食品不及自己亲手制作的食物美味。事实真是这样吗？我想并不一定。况且，恐怕任何一个丈夫都不愿意看到自己的妻子每天都累得筋疲力尽吧！试想，有谁不愿意每天都可以见到一个精神焕发的妻子呢？

美国一家研究所曾经开展过一项名为"节省行动"的研究，研究结果表明，很多家庭主妇都有一个非常严重的缺点，那就是无法高效率地处理家务。的确，女士们不妨反省一下，你们是不是经常用十个步骤去完成一项只需五个步骤的工作？是不是经常会用六个动作来完成只需三个动作的工作？是的，很多女士都是这样做的，因为她们不明白，最简捷、最快速的办法其实就是最好的办法。举一个简单的例子，做早餐是妻子一项必不可少的工作。在整个过程中，你们是一次就把所有需要的东西从冰箱中拿出来呢？还是要往返几次来完成这项工作？我想，第一种做法无疑会给你节省很多时间和精力。

至于说整理房间，同样也有很多好的办法来节省时间。你可以在家中很多角落里放上清洁所需的海绵和抹布，当然前提是不影响美观。比如，你完全可以在浴室里放上一块海绵，因为这样你就可以随时擦洗你的浴缸。这种方法远比那种平日不清扫，然后在星期天来一次集中大扫除的做法省力得多。如果你平时做了清洁工作，那你就不会在一个星期的前六天里为星期天干不完的家务而烦恼了。

应该说，我妻子也是一个处理家务的好手。当我们可爱的孩子还很小的时候，家里已经没有地方可以摆放一个婴儿用的浴盆了。于是，我妻子就想了一个办法，把浴室的盥洗台当成了浴盆。她后来发现，这种做法十分累人，因为她每次都要弯着腰。因此，我妻子就把浴盆的位置改到了厨房的水槽。这个方法太妙了，因为水槽是一个既宽敞又可以保持卫生的地方。

当然，我们不能忽略那些还需要工作的女士，因为她们没有那么充裕的时间处理家务。对于她们来说，完全可以在头天晚上收拾餐具的时候把第二天所需要的东西准备出来。这样一来，第二天早上的早餐工作就不至于那么紧张了。

我差一点忘了还有一项工作会花费女士们很多时间，那就是购物。我这里有几条建议，相信一定会对女士们有所帮助。

安排购物的四个简捷方法 >>>

· 学会批量订购日用品；

· 事先做好购买计划；

· 加入一些为消费者进行商品调查的机构；

· 每天做好购物笔记。

首先我们来看第一点，批量订购日用品真的是一条非常不错的建议，比如你可以通过电话批量地定购肥皂、毛巾、卫生纸、清洁剂、除臭剂等东西。这种做法一方面为你节省了一定的经济支出，另一方面也使你省去经常跑便利商店的时间。要知道，这种批量订购是可以享受到送货上门的服务的。

做好购买计划也十分重要，比如你想给丈夫购买一双皮鞋，那么在进商店之前，你最好在心里粗略地预计一下自己能接受什么样的款式、质料以及颜色和价钱。之所以要这样做，主要是让女士们省去在店中瞎逛的时间，同时又大大降低了女士们买到不如意东西的风险。

第三点非常有用，因为我妻子就加入了一种这样的机构。我们每年只需向它缴纳很少的费用，然而却给我妻子节省了很多很多时间。我说的都是真的，每个月我们都会收到他们寄给我们的一本说明书，书中对各种商店都进行了介绍。每当年底的时候，他们还会另送给我们一本各地商店的目录。这些说明书真的非常不错，里面详细介绍了各种产品，基本上市面上有的东西都有所收录。不光这样，他们还对各种商品的性能和价值进行了比较，告诉女士们究竟哪些商品是最物有所值的。的确，以前我们一直认为最贵的东西就是最好的，然而事实上却并非如此。比如，我妻子以前都在使用一种定价为1.2美元的牙膏，然而去年他们却说市面上有一种定价为0.8美元的牙膏在同类产品中质量最好。后来我妻子试着买了一支这样的牙膏，发现质量真的是非常好。我妻子对我说，虽然这仅仅使她节省了一点点钱，但与自己付出的那些钱相比，收获已经是非常大的了。

第四点也是非常重要的，因为这个方法可以给你节省很多时间。如果你是个记忆力非凡的超人，那么你没必要这么做；如果不是，那么恐怕你不会把购物、宴会以及一年的预算等所有的事情都记得清清楚楚。既然这样，那么你就最好把这些东西都写在纸上。即使你没有那么多的事情要做，然而你的脑袋终日被一堆毫无价值的东西所填满也无疑是一种负担。

如果女士们真的能够按照我所说的这些简捷方法去处理自己所遇到的各种家务的话，那么你们将会得到很多很多的好处。其实，生活中的技巧就在身边，只要你肯留心，那么你一定会找出一种适合你的且高效率的处理家务的工作方法。这样的话，你就可以不去浪费一些时间，而你又可以利用这些时间去帮助丈夫完成他的事业。

如何高效率地处理好家务 >>>
· 合理地对自己处理家务的方法进行分析；
· 不放弃那些自己厌烦的工作，观察是否有改进的可能；
· 设法补充自己在某方面非常欠缺的知识。

最后，我还要提醒各位女士，愉快的心情也是高效率地处理好家务的一个先决条件。事实上，很多女士都在日常的家务工作中体会到了很多乐趣，比如烹饪菜肴、制作衣服等。不管你有什么样的爱好，都应该保持下去，而且把它当成一种享受。

如果你们真的喜欢一项工作，那么我奉劝你们千万不要选择放弃。有时候，为了完成一些事情，必须以牺牲另一些事情为代价。但是，千万不要因此而牺牲掉那些本来非常有价值的事情。如果你能够使用简捷的方法去处理一些你很讨厌的工作的话，那么你就可以有一定的时间去做你喜欢的事情了。这的确是一种两全其美的做法。说到底，我们之所以要提高处理家务的效率，就是为了留出足够的空间来做一些更有益的、我们更喜欢的事情。

别做婚姻的文盲

美国婚姻关系研究专家迪尔科·波多勒曾经说："在美国，每年都有很多对青年男女开始他们的婚姻生活，同时又有很多对夫妻结束他们的婚姻生活。很多人，特别是女性，对他们婚后的生活非常不满意，认为结婚后的生活质量远远没有达到他们预期的目标。事实上，并非所有的婚姻问题都是在婚后才产生的，有很多是在婚前就已经有了。很多年轻人在对婚姻没有正确认识的情况下就草草地选择了结婚，从而为以后婚姻问题的出现埋下了定时炸弹。我可以肯定地说，现在大多数美国的青年人，也包括那些已婚的夫妇，至今依然在做婚姻的文盲。"

不知道女士们在看到迪尔科这段话的时候是什么感受？也许你们并不同意他的看法。你们已经结婚几年、十几年甚至几十年了，但你们的婚姻依然在持续着。虽然偶尔会发生一些摩擦，但那也是不可避免的。的确，女士们和你们的丈夫都在为维持你们的婚姻做着努力，这是你们双方的责任和义务。然而，如果我在这里问女士们："你们的婚姻幸福吗？你每天都过得非常快乐吗？"我想，很多女士们并不一定就可以很理直气壮地回答我说："是的！"

事实上，很多妻子，特别是那些已经结婚很多年的妻子，对待婚姻往往是一种"勉强"的态度。她们的婚姻没有激情、没有快乐，也没有新鲜感。对于他们来说，婚姻不过是代表着时间的推移，并没有其他任何意义。

导致这一现象产生的根本原因就是女士们缺乏对婚姻有一个正确的、透彻的、清楚的认识。她们或是把婚姻看得过于浪漫，或是把婚姻看得过于理性，这也是为什么迪尔科把她们称为"婚姻的文盲"。我曾经对这一问题做过细致地研究，发现这类女性往往在对婚姻的认识上存在五大误区：

第一大误区：爱情就等同于婚姻。

持有这种想法的女士大有人在，家住纽约肯德尔大街 B 区 162 号的阿尼小姐就是一个典型的例子。阿尼在年轻的时候非常喜欢读言情小说，而且每每都被书中的情节吸引。她对爱情和婚姻充满了许多美好的憧憬和向往，非常希望能够过上书中所描写的生活。后来，她认识了达沃尔，一个风趣幽默的年轻人。在相处了两年以后，阿尼决定和达沃尔结婚。这是因为，一方面达沃尔很会讨阿尼欢心，总是会制造出一些阿尼意想不到的浪漫事情，这使阿尼终日都陶醉于爱情的甜蜜之中；另一方面，阿尼一直都对婚姻有着向往，所以她不想错过这次机会。在结婚的前一天晚上，阿尼整夜都没有睡着，因为她已经为自己婚后的生活编织了一个美好的梦。她梦见自己每天都和达沃尔一起缠绵。他们一起吃早餐、午餐、晚餐，还时不时地出去野炊。达沃尔对她非常好，时不时地送她一些小礼物。后来，他们有了孩子，一家人过上了幸福美满的生活……

然而，阿尼这个美好的梦在结婚后很快就被打破了。失去了婚姻的新鲜感以后，达沃尔不再像以前那样对她甜言蜜语，更不会准备什么礼物。此外，为了维持生计，达沃尔每天都做着早出晚归的工作，根本没时间陪她。后来，孩子也出生了，但这并没有让阿尼感到高兴，因为女士们都知道，照顾孩子是一件非常麻烦的事情。于是，阿尼对婚姻失去了信心，甚至开始怀疑自己当初选错了人。如今，阿尼每天还都生活在后悔、抱怨和唠叨之中。

是谁制造了这场悲剧？达沃尔？不，是阿尼自己。如果她不是把婚姻想象得非常浪漫，而是对婚后的生活有清醒认识的话，相信现实的婚姻也不会让她有如此巨大的反差感。这种类型的女士把婚姻看成童话，没有考虑到其中的现实成分。因此，一旦婚姻从童话回到现实中，马上就会引起这些女士不满，继而导致婚姻出现问题。

第二大误区：婚姻不需要浪漫。

持有这种观点的女性大多是那些结婚很多年的妻子。她们在对婚姻的认识上与上一种女士正好相反，是把婚姻看得太过现实。很多结婚多年的妻子都认为，丈夫和自己之间已经没有什么新鲜感可言，更不可能找到任何新鲜感。于是，她们放任婚姻枯燥、平淡、乏味地发展下去，也并不想为改变婚姻做点什么。

我曾经问过一位结婚 15 年的女士，问她如何评价自己现在的婚姻质量。那位女士坦言说："简直糟糕到了极点，每天都重复着前一天的内容，根本没有任何浪漫和激情可言。"我又问那位女士，是不是愿意为改变这种现状而做点什么。那位女士说："不，我没那么打算过！虽然我们的婚姻状况很糟糕，但是其他夫妻也是一样。事实上，这才是真正的婚姻生活，它并不像很多年轻人想象得那样浪漫。其实，早在几年前我就已经对这种状况做好了准备，所以现在也并没有觉得有什么不妥。"

这类女士确实是认识到了婚姻的现实一面，然而却忽略了它浪漫的一面。虽然她们对现在的婚姻没有怨言，但并不代表这就是一段没有问题的婚姻。最简单的说，她们的丈夫也许就和她们有着相反的看法。

其实，要想使婚姻浪漫一点并不是什么难事，有很多方法都可以采用。比如，女士们不妨偶尔奢侈一下，和丈夫来一顿烛光晚餐，或是在饭后挽着丈夫的手臂到树林中散步。如果有必要，即使是结婚很多年，妻子也可以尝试着和丈夫撒撒娇。虽然这看起来多少有些肉麻，但的确可以起到调节婚姻的作用。

第三大误区：一切都是他的错。

很多女士都曾经和我抱怨说，他们的丈夫是个木头脑袋，一点都不解风情。有的甚至干脆和我说，她们已经对丈夫没有吸引力了，因为丈夫已经不像以前那样对她甜言蜜语、关怀备至了，当然更谈不上什么浪漫可言。

我曾经采访过很多位不解风情的男人，"责问"他们为什么对妻子的要求视而不见。结果，那些男人无一例外地和我大声叫苦。他们告诉我说，并不是他们本意不想给妻子一段浪漫幸福的婚姻，而是现实的生活不给他们机会。为了维持整个家庭的生活，丈夫们不得不每天早出晚归，而且还要在外面承受巨大的工作压力。这样一来，丈夫们就把大部分精力花费在养家糊口上，因此也就没有心思去考虑什么浪漫与温馨了。

虽然上面那些话听起来好像是借口，但它也的确是现实存在的。女士们，我真心地希望你们不要把所有的错误全都推卸给男人，而应该去理解他们、体谅他们。既然他们没有精力制造浪漫，那么你们就应该主动一些。方法很多，或是提醒他们，或是干脆你们自己制造，总之是不能将抱怨和牢骚挂在嘴边。

第四大误区：夫妻之间的沟通是多余的。

很多女士都有这样的错误认识，那就是夫妻之间的了解和沟通应该是在婚前的，婚后的夫妻只是生活而已，不需要沟通。其实，这种想法是大错特错的。事实上，夫妻之间婚后的沟通更加重要。很多事实都告诉我们，夫妻之间缺乏沟通是导致婚姻出现问题的罪魁祸首。

两性心理学专家瓦德尔·希勒克曾经说："很多夫妻都忽视了沟通的作用，把沟通看成是一件多余的事情。他们有自己的理由，认为双方经过从恋爱到结婚很多年的相处，已经非常了解对方了，因此根本不需要进行沟通。然而，经过调查发现，夫妻之间能够做到真正相互了解最少需要5年以上的时间，也就是说在这5年时间里，夫妻之间都是在不断地进行摸索。因此，我一直都强调，夫妻双方要经常沟通，一定要把彼此内心的真实感受告诉对方，这样才能使婚姻生活幸福美满。"

第五大误区：夫妻之间应该是透明的。

这一点也很重要。很多女士都认为，爱情是纯洁的，两个人既然组成了家庭，那就不应该存在任何目的。这种想法不应该说完全的错误，因为真诚是建立美满幸福婚姻的关键。然而，这些女士又忽略了另一点，那就是爱情也是自私的。有时候，善意的谎言对于保持夫妻之间的关系有着至关重要的作用。

伊丽莎白女士和庞德先生已经结婚两年了，两个人的关系一直非常好。伊丽莎白能够体会到，自己的丈夫确实是非常爱自己，于是她决定将自己隐藏多年的秘密告诉给丈夫。原来，在伊丽莎白还是个高中生的时候，曾经被别人强暴过。后来，伊丽莎白认识了庞德，因为害怕庞德嫌弃自己，所以一直没告诉他。

本来，伊丽莎白女士认为自己说出秘密一定会得到丈夫的理解，但是没想到，丈夫从那以后却开始疏远自己。事实上，庞德并不是怪伊丽莎白隐瞒自己被强暴的真相，而是怪她没有早一天把真相告诉自己。

以上就是我所说的女性对婚姻认识的五大误区。虽然它并不能涵盖婚姻中所出现的所有问题，但却完全可以被称为五门必修课。因此，我奉劝那些即将结婚或是已经结婚的女士们，好好看看这五点，不要再让自己做婚姻的文盲。

┃ 做一个招人喜爱的女主人

如果有一天你周围的人突然称你为某某太太的时候，不知道女士们的心情会是如何？我想，大多数女士会觉得很开心，因为那代表着你已经成为了一个新家庭的女主人了。当然，另一方面也代表着你已经成为了一名新的家庭主妇。如果这时那些人再问你是否愿意成为一个招人喜爱的女主人，我想女士们一定会大声回答说："当然，那是我梦寐以求的。"

那么，究竟怎么做才能让自己成为最招人喜爱的女主人呢？很多女士都有自己的一套方法，有的说要善待自己的丈夫，有的说应该照顾好家庭里所有的成员，还有的说一定要尽心尽力做好家务……的确，这些都是使女士们成为一个招人喜爱的女人的必要条件，女士们按照这些方法去做也一定会收到很好的效果。然而，我要说的是，即使你懂得了上面所说的各种技巧，但却没有认识到家庭主妇的重要性的话，相信你只能成为一个招人喜爱的女佣，而不是女主人。

苏菲亚嫁给罗伯特已经有两年了。在这两年里，苏菲亚可谓尽心尽力，把家里的一切都打理得井井有条。坦白说，罗伯特对苏菲亚的表现非常满意，因为她是自己见过的最踏实肯干的妻子。然而，在他们结婚的第三个年头，罗伯特却突然提出要和苏菲亚离婚。

当听到那些话的时候，苏菲亚惊呆了，因为她不知道自己做错了什么。罗伯特说："对不起，苏菲亚，我真的不想这样，可我也实在受不了我们现在的关系。的确，你各个方面做得都非常好，我也很满意。但是，我一直都有这样一种感觉，你只不过是我家的一个女佣，而不是我的妻子。"苏菲亚哭着说："我不明白你为什么会这么想？我只是一个家庭主妇而已……"罗伯特大声说："可你更是这个家的女主人。你没有必要在做什么事前都向我汇报，因为在这个家你同样有决策权。坦白说，你是一个招人喜欢的人，但不是一个招人喜欢的女主人。我需要的是一个能够和我分担家庭中所有事情的人，而不仅仅是一个女佣。"

我想女士们一定已经明白了我的意思。我之所以会写这篇文章，并不是要告诉女士们，要想成为一个招人喜爱的女主人该如何如何做。我的目的是让女士们真正喜爱"家庭主妇"这个职业，把自己看成是家庭真正的主人，从而做一个称职的女主人。道理很简单，只有你们把家庭主妇看成是一项非常伟大的职业，才能将自己的全部精力投入进去，继而才会成为最招人喜爱的女主人。

曾经有一位社会学家在一次演讲中说："如今，越来越多的女性都把做家务看成是一件毫无意义的事情。她们认为，一个女人的才能只有在家庭环境中才能得到充分的发挥。至于说对整个社会，女性不过是个被人们所知道但不了解的性别而已，基本上毫无价值可言。因此，很多女士都不敢大胆说出自己是一家的女主人。当她们说自己不过是一名家庭主妇的时候，明显有一种底气不足的感觉。"

我不知道女士们为什么要用这种口吻来贬低自己。当我听到这些话的时候，我真的感到很痛心，而且也很愤怒。我曾经做过努力，但最终都失败了，因为我实在找不出一份工作比努力维持一个家庭的生活、尽力创造出生活中的幸福、照顾家中所有人的饮食起居、养育孩子……更值得让人尊重的。我一直都坚信，是的，我一直都这么想，没有一份工作比这对个人和社会都更加有意义。

女士们，我真的不明白，为什么当别人问起你们的时候，你们总是要怯生生地说："我不过是一名家庭主妇。"而不是大声回答说："我是某某家最招人喜爱的女主人。"你们知道那种怯生生的回答像什么吗？那就好像是一个男人站在一个国际会议的演讲台上小声地说："对不起，各位。我……我不过是一位美国总统而已。"我想没有一个人敢对这个男人不尊重，就像没有人有理由对一个家庭的女主人不尊重一样。

其实，女士们没有必要大费周折地去学习如何待人接物，也没有必要终日反思自己，考虑自己该如何做才能称职。事实上，只要你们热爱家庭主妇这份职业，只要你们把自己真正地当成了家庭的主人，那么你们就已经是世界上最招人喜爱的女主人了。

我并不是在这里胡乱地吹捧女士们，试想一下，一个女人如果能够将她全部的心血和精力都奉献给她的家庭的话，难道不应该受到别人的喜爱吗？难道不应该得到别人的尊重吗？难道她自己不应该感到自豪吗？有人说，家庭主妇不过是普通得不能再普通的职业，没有什么地方值得你如此称赞。是吗？我倒不这么认为，我一直觉得，那些主妇们在生活中所扮演的角色要远远比好莱坞女明星在电影中扮演的角色多得多。我们不妨仔细想想，要想做一个真正称职的家庭主妇究竟要具备什么技能？我只挑一些重要的说吧！她们必须能做厨师、洗衣工、裁缝、女佣、采购员、护士、秘书、助理、会计、理财专家、生活顾问、总经理……当然，还有女主人。

这些就足够了吗？不，为了让丈夫保持对自己的爱情，主妇们还需要花费大量的时间、精力和心思来打扮自己，时刻留意自己的形象。

说到这里，我想打断一下，因为一定有很多女士想问，热爱家庭主妇事业，做一个招人喜爱的女主人，这一切都和自己的家庭有什么关系？恐怕，这样做的目的只有一个，那就是让那些家庭主妇的心理多多少少得到一些满足。

女士们，我想你们还不至于认为我写下这些东西就是为了安慰你们吧？事实上，这种心理对于你们家庭是否能够幸福美满有着至关重要的作用。如果女士们不信，那么就请你们在心里默默地回答我下面的问题。

主妇热爱本职工作的重要性 >>>

· 一个人是不是只有热爱一份职业才能把它做好？

· 是不是只有家庭的主人才能对家中所有的事都关心？

· 是不是把一切本职工作都做好了才能称得上是一个称职的女主人？

· 是不是只有称职的女主人才能招人喜欢？

· 是不是只有一个称职的、招人喜爱的女主人才能给家庭带来幸福和快乐？

　　我想，所有问题的答案不需要我写出来，因为女士们心中都有自己的想法。

　　可能有的女士还会说，家庭主妇虽然给家里做出了很多贡献，但却不能给家里带来经济利益。因此，你所说的能够让家庭幸福美满还是不太可信。当真如此吗？不知道哪位女士看到过一位老板在办公室既要自己打扫卫生，又要去记账还要自己打文件。然而，那些在家工作的主妇却要做这些所有的事情，而且比这还要多。

　　说实话，在我心里真希望能够给那些表现优秀的家庭主妇设立一个"最招人喜爱的女主人"奖，奖励那些为家庭和社会做出巨大贡献的女士。我一直都觉得，那些主妇们所发挥出的能量远远大于那些电影明星、社交名人甚至于职业女性。

　　很多女士还有这样的担心，认为自己不能给丈夫的事业提供很大的帮助的话就不能算是一个真正意义上招人喜爱的女主人，最起码不会招丈夫的喜爱。女士们如果这样想，那你们就去读一读马尼亚·法罕博士所写的《女人！一个容易被忽视的性别》这本书，其中写道："经过大量的研究表明，男人的收入能否最大限度地发挥作用，很大程度上是取决于他们妻子的治家本领。如果他的妻子是个治家好手，那么那些钱就可以最大地发挥效用，相反则会白白浪费。"《生活》杂志也曾经刊登过一篇名为《女人的尴尬》的文章，其中一组数据充分表明，如果一个男人请一个人到家中做所有主妇的工作的话，那么每年最少要花费1万美元。

　　女士们是否还是对自己没有信心呢？我想你们没有一个人会认

为玛丽·艾森豪威尔夫人是一个不称职的家庭主妇或是一个不招人喜欢的女主人吧？听听她是怎么看待家庭主妇的。

这位总统夫人曾经在一篇名为《假如我还能做新娘》的文章中坦言说，自己最最崇高的信念就是"女人的天职就是做一名合格的妻子"。正是在这种信念的驱使下，总统夫人一直都默默地做他丈夫的坚强后盾，给他丈夫提供了坚实的后勤保障。最后，她终于将自己的丈夫推进了美国的最高宫殿——白宫。

女士们，你们现在是否也有一种想要成为招人喜爱的女主人的冲动呢？我想你们应该有，也必须有。这对你丈夫的事业，你的家庭生活都是至关重要的。我希望女士们已经准备好了，当别人再问起你们时，你们可以大声地回答说："我是一名家庭主妇，也是一个家庭的女主人，而且还是一个招人喜爱的女主人。"

▎创造浪漫温馨的家庭氛围

美国《家庭与妇女》杂志曾经刊登过这样一篇文章，上面写道："作为妻子，你对整个家庭都起着很大的作用。不管是丈夫还是孩子，家庭意味着什么完全取决于你。虽然丈夫和孩子对家庭同样有义务，然而最关键的还是你，尤其是你是否能够给他们做出榜样，是否能给他们创造出浪漫温馨的家庭氛围。"

是的，几乎所有的男人都梦想着有这样的家庭：他们在外面忙碌地工作了一天，回到家后则可以轻松舒适地享受一番。每天早晨起来，他们可以有十足的干劲去迎接工作。男人们的事业与这种家庭氛围有着紧密的联系，而这种家庭氛围又与妻子们的认识有着直接的关系。

相信没有一个女士不希望自己的丈夫能够取得事业上的成功，因此女士们必须要给丈夫创造一个最有利的家庭环境，只有这样才能提高他们的工作效率。

创造浪漫温馨的家庭氛围的五个原则 >>>

·将你们的家变成一个可以放松身体和精神的地方；

·努力让你的家住起来比较舒适；

·整洁是一项很重要的原则；

·家庭气氛一定要祥和愉快；

·让你和丈夫同时成为家庭的主人。

我们首先来看第一项原则。妻子们有时候很容易忽视这样一个问题，她们认为丈夫对工作充满了热情，因此不会感到紧张。事实上，不管男人多热爱自己的工作，工作总会或多或少地给他们带来紧张情绪。因此，男人们最渴望的事情是回到家以后可以放松这种紧张情绪，而并不是去承受另一种新的紧张。

对于女士们的一些做法，我是非常理解的。我知道，每一个家庭主妇都希望能够把家打理得井井有条，都希望能把自己的本职工作做好。可是，很多妻子往往没有想到"过犹不及"这个道理，正是因为她们的过分挑剔和严格，所以才使得丈夫不能在家得到很好的放松。

我以前有一位邻居，她就是一个对家庭要求十分严格的主妇。

她每天都会把地板擦得很干净，所以不允许孩子带朋友到家里来玩，因为小孩子很可能会弄脏地板。同时，她为了保持家里空气清新，不允许丈夫在家里抽烟，因为那样会有烟味。更让人难以接受的是，就连家里的书刊和报纸她都要求必须丝毫不差地放回原处。天啊，女士们一定会认为我有个神经病邻居！可事实上，在生活中女士们的行为比这种情况严重得多。

女士们一定还记得《克拉克的妻子》这幕戏剧，在前几年它十分受欢迎，而且还获得了普利策奖。为什么这幕反映家庭生活的戏剧会如此成功？原因很简单，因为剧中那名挑剔的、爱干净的爱丽叶·克拉克女士在现实生活中很常见。爱丽叶·克拉克的干净简直到了让人无法忍受的地步，就连放错坐垫这种小事都会引起她的一阵怒吼。她不欢迎朋友，不允许别人把东西弄乱。对她来说，那位不拘小节的丈夫简直就是她的噩梦，因为他随时都有可能把整个完美的家庭环境破坏掉。

相信女士们对这种情况的认识一定不够深刻，因为这在你们看来是理所当然的事情。而在全美基督教家庭生活第 20 届年会上，一位精神学博士却是这样描述的："家庭里的妻子总是要求一尘不染，上帝，这简直就是美国文化中压迫最大的事情。"

丈夫总是有一些坏习惯，他们随手把烟头、报纸或是其他一些东西乱丢，把你精心收拾的成果毁于一旦。这个时候，妻子绝对不能选择沉默，必须站起来和那些捣蛋鬼大吵一架。不过，在女士们把"自私""愚蠢""笨蛋"这些词加在丈夫头上之前，你们最好这样想一想："什么叫家庭？它就是让人可以放松的地方。"

有了轻松的环境以后，舒适就成为了最重要的事情。几乎所有的家庭都是由妻子布置的，所以你们不应该忘记，男人最希望得到的家庭环境就是舒适。由于性别上的差异，很多女性认为非常有格调的东西却让男人们感到受不了。事实上，男人们对那些精美的小饰品、漂亮的小桌椅以及好看的纺织品根本不感兴趣，他们想要的不过是有一个地方放他们的烟灰缸和报纸。因此，女士们在布置家居环境之前，一定要首先了解究竟什么样的环境才是男人认为最舒服的。

我的私人医师名叫乔治·派克，他最近正在装修办公室，因为他把办公室看成家的一部分。有一次，我去诊所找他，发现在门口候诊的病人中，几乎所有的男士都用羡慕的眼光紧盯着他的办公室。其实里面的布置十分简单，不过是有一张较大的桌子、宽敞的沙发、一盏明亮的铜灯以及一幅笔直的窗帘。

我的另一位单身汉朋友罗克先生也十分懂得布置房间。由于工作的需要，他每年都要去很多不同的地方。看看他的房间吧！从刚果带来的木雕、从爪哇带回的手工染布以及东方带回来的象牙等，全都是他的旅行纪念品。如果他是一个结了婚的男人，妻子肯定不能忍受这些东西。然而，罗克先生却非常喜欢，因为它符合主人的趣味。

想必女士们一定明白了这些人为什么不愿意结婚，他们可不想被一个女人剥夺自己享受生活的权利。

的确，女士们在布置房间的时候往往会忽略男人的需要。举个例子来说，你们是否会想到该在什么地方摆放烟灰缸吗？没有，因为你们认为这是多余的。不过我太太认识到了。她一口气买回了好几个又便宜又好看的大玻璃烟灰缸，然后把他们放在楼上和楼下好几个地方。每当有客人来时，我们总会让他们使用这些东西。至于那些艺术品，我印象中好像从来没用过。

当女士们与丈夫发生矛盾时，是不是可以换一种角度思考。他的确是把报纸丢得满地都是，但那有可能是因为家里的茶几太小了，或是因为茶几上面堆满了东西。他不是不想把报纸收拾好，只是暂时找不到一个合适的地方。如果他把烟灰弹得到处都是，那么你就多给他买几个烟灰缸。如果他老是踩踏你的心爱的脚垫，那就把它换一个地方。至于说他的其他一些小东西，你完全可以给他找一个特定的位置存放，而不要将它们和一些没用的废物放在一起。

除了舒适和轻松以外，整洁对于一个家庭来说也是十分重要的。虽然男人们经常会"破坏"家庭环境，但他们同样喜欢整洁的家庭。如果他看到家里到处都是一片乱糟糟的景象的话，那么就很有可能一头钻入酒吧、保龄球馆甚至于妓院。男人都是这样，他们可以容忍自己的懒散和凌乱，却不能宽容别人。

我有一个朋友曾经和我说，年轻的时候，他曾经打算向一个温柔漂亮的女孩求婚。可是当他来到女孩的房间时，却马上打消了这种念头。因为当时他看到，这个女孩的屋子简直太凌乱了，那情形就好像刚刚发生过一场抢劫案。

如果说轻松、舒适、整洁的环境是有形的东西，那么祥和愉快的气氛则是属于无形的东西。然而，这些无形的东西所起到的作用却远比有形的东西大得多，因为家庭气氛对一个男人事业的影响是相当大的。男人在外总是会承受很大的压力，因为所有人都是以挑剔的眼光来寻找他身上的缺点和错误。只有回到家中，男人才能获得最高的待遇，因为有一位天使能发现他美好的一面。天使从不给他增加负担，也不会专门制造麻烦。她所做的只是给他情感上的呵护，精神上的安慰，使他有精力去面对新的一天，而这位天使就是妻子。女士们必须明白，要想成为尽职尽责的妻子，必须能够给丈夫创造出一个祥和愉快的家庭气氛。

此外，女士们还要注意一点，那就是你并不是家里的女王，丈夫也不是你的仆人。你们两个同样都是家庭的主人，甚至于你应该想办法让丈夫觉得他才是家中的国王。如果家里需要装修或是添置一些新的家具，那你们就应该先征求一下他的意见，而不要事后才递给他一张纸说："这是我们的付款单。"我知道很多时候男人们的选择并不符合女人的口味，但你必须让他知道，你其实和他一样喜欢这些东西。妻子应该让丈夫觉得，在这个家中他们是有决定权的，这样他们就会对家的意义认识得更加深刻。

所有的男人都需要这样一种感觉，家是他生命中的一部分，没有家的生命是不完整的。女士们可能都不知道，事实上丈夫对家庭的关心一点都不亚于妻子，只不过你们没有察觉到而已。

我妻子有一个朋友，十分懂得如何利用有限的资金装点房子，因此她的房间总是非常有品位而且别具风格。可是很遗憾的是，这位朋友却嫁给了一个毛手毛脚、不修边幅、嗜烟如命的男人。其实，这个男人也很悲惨，他的确很爱自己的妻子，然而却对她布置的环境难以忍受。每当闲暇的时候，丈夫宁肯和朋友一起去钓鱼或是游玩，也绝不想在家中过夜，因为他能够在那里得到完全的放松。这位女士经常找我妻子聊天，向她抱怨，然而却没有一次想到是不是应该改变一下家里的布置。

最后，我希望女士们能够记住我的话：家务是必须要做的事情，但千万不要因为盲目而使家务失去真正的意义。作为妻子，你们做任何家务只有一个目的，那就是给丈夫创造一个浪漫温馨的家庭环境。

｜学会家庭理财这一课

不得不承认，我们现在所拥有的钱与十年前相比贬值了很多。的确，所有人的生活水准都有了提高，但是物价也在不断地上涨，而孩子们所需的教育费用也增长了许多。因此，一个十分重要的问题摆在了女士们面前，那就是如何做好家庭理财的工作。

大多数女士的脑子里存在着这样一个错误观念，那就是钱能够解决一切问题。事实上，这种想法是完全错误的，早就已经被相关的专家否定了。曾经担任美国一家大公司顾客财政顾问的斯泰博顿先生曾经说过："大多数人都不能真正理解金钱的含义。对他们来说，收入的增加并不代表生活的改善，因为这仅仅表示他们有更多的地方需要花销。"澳大利亚一家银行也这样奉劝他们的储户："存款意味着什么？它意味着在你增加收入的时候提醒你应该怎样合理地利用它们。"

很遗憾的是，学会家庭理财这一点似乎并没有引起很多人的重视，人们往往把它看成是一件非常简单的事情。曾经有一位非常有名的心理学家在他的著作中写道："家庭理财其实并不是一件很困难的事，对于我们来说只要把握住一点就足够了，那就是有钱你就多花，没钱你就少花。"这位心理学家的话听起来很有道理，可事实上做起来却是相当困难的。实际上，毫无节制地胡乱花钱意味着杂货店、面包店以及肉店等商家都有权力分享你的收入。这对于一个家庭来讲，应该是件可悲的事情。

然而，如果女士们能够有计划地控制家庭的花费，那么你们就完全可以让享受你收入的权力把持在你家人的手中。

女士们必须搞清楚一件事，预算日常开支并不是给自己平添一些束缚，更不代表毫无意义地对你所花的每一分钱做一本流水账。这种做法实际上是一种目的性很强的规划，是为了促使你的家庭可以最有效地利用你的收入。我敢保证，如果女士们真正理解如何进行家庭预算，那么你们就完全可以实现既定目标，比如让自己的家庭生活富裕、使自己的养老有所保证、很好地解决孩子的教育费用或是实现你梦想中的外出旅游。一份成功的家庭预算将会告诉你很多信息，比如有哪些没必要的地方可以删减，以便补充其他一些必要的开支。

因此，妻子帮助丈夫取得成功的一个很重要的方法就是明白该如何使丈夫的收入得到最大的利用。如果女士们以前从没有做过家庭预算，那么你们现在真的应该补上这一课。

那么，究竟怎样做才能使自己成为一名家庭理财专家呢？很简单，向银行寻求帮助。在美国，很多银行都设有家计预算咨询服务处。你要做的就是来到银行，请教一下专家，听听他们是怎样建议你进行家庭预算的。

此外，女士们还可以通过其他一些方法获得帮助，比如花费20美分从全国公益委员会那里购买一本精美的小册子，上面会很清楚地告诉你该如何支配你手上的金钱、该怎样进行保险投资以及到底如何进行赊账消费。女士们还可以订阅《妇女时代》这本杂志，因为它会告诉你如何把一件旧衣服翻新、如何自己制做出既美味又廉价的菜肴，有时甚至还会教你怎样自己亲手制作家具。

不过，在这里我必须强调一点，女士们千万不能机械地让自己的家庭去适应那份印好的预算计划表。你们必须先搞清楚自己的情况，因为那份计划书也许并不适合你。道理很简单，每个家庭的情况都是不一样的，适合他的，并不一定适合你，你的家庭经济问题是独特的。

如果女士们想通过本书学会如何进行家庭理财，那么就请看一看我的一些建议，也许能够给你们提供一些帮助。

如何进行家庭理财 >>>

·记录下日常的每一笔开销，这样会让你清楚自己对收入的使用情况；

·分析出自己的家庭情况，然后制定一个合适的开支计划；

·不管发生什么事情，都要将收入的 10% 储存起来；

·手中预备一些钱，因为你要应对不时之需；

·让全家都参与执行你的收支计划；

·对社会上的各种保险有所了解。

第一点是很重要的，因为只有我们明白错在哪里，才能知道如何改善我们现在的状况。试想一下，如果作为一名家庭理财者，你根本不知道到底哪里应该删减、哪里需要增加的话，那么想要节省恐怕真的是一件非常不容易的事。因此，在准备进行预算的最开始，女士们可以尝试着把家庭所有的开支都记录下来，时间不妨设定为3 个月。

我可以很自豪地说，我妻子就是一个很好的理财专家。虽然我们习惯于用支票购物，但她却总是喜欢把所有的花费都做出一个详细的表格，并且在每年的年底做一次总结。她的这种做法使我们整个家庭都觉得非常轻松，因为我们可以清楚地知道在过去的一年里，我们在饮食、燃料、水电以及娱乐等方面究竟花费了多少。同时，我们还可以明白，到底哪些地方是导致家庭支出增加的原因。

这种方法真的是非常有效。曾经有一对夫妇对自己的家庭生活开支进行了详细地记录后发现，他们每个月竟然要花费掉 70 美元买酒，而他们两个谁都不是酒徒。最后，他们终于找到了原因，那就是虽然这对夫妇不喜欢喝酒，但是他们的朋友喜欢。这对夫妇很好客，经常会邀请一些朋友到家中聚会，当然这时候难免要来上一杯。从那以后，这对夫妇明智地做出了决定，以后不再把自己的家当成不定期开放的免费酒吧了。这样一来，他们每个月就有 70 美元去做他们喜欢做的事情了。

女士们，学会家庭理财这一课是非常重要的。《打造成功的婚姻》一书中这样写道："美满幸福的婚姻是需要沟通的，而在沟通的事项中，家庭收入的分配问题则是最重要的。"请相信我，如果女士们真的学会了如何合理地、高明地安排和处理家庭收入，那么你们就给丈夫解决了后顾之忧。应该说，这也是建立幸福美满家庭的一项很重要的事情。

图书在版编目 (CIP) 数据

内心强大的女人最优雅 / (美) 戴尔·卡耐基 (Dale Carnegie) 著；达夫编译 .
— 北京：中国华侨出版社，2017.12
ISBN 978-7-5113-7098-3

Ⅰ . ①内… Ⅱ . ①戴… ②达… Ⅲ . ①女性－修养－通俗读物 Ⅳ . ① B825-49

中国版本图书馆 CIP 数据核字 (2017) 第 259111 号

内心强大的女人最优雅

著　　者：〔美〕戴尔·卡耐基
编　　译：达　夫
出 版 人：刘凤珍
责任编辑：泰　然
封面设计：冬　凡
文字编辑：申燕芝
美术编辑：牛　坤
经　　销：新华书店
开　　本：880mm×1230mm　1/32　印张：8.5　字数：172 千字
印　　刷：三河市中晟雅豪印务有限公司
版　　次：2018 年 1 月第 1 版　　2018 年 1 月第 1 次印刷
书　　号：ISBN 978-7-5113-7098-3
定　　价：32.00 元

中国华侨出版社　北京市朝阳区静安里 26 号通成达大厦 3 层　邮编：100028
法律顾问：陈鹰律师事务所
发 行 部：（010）88893001　　传　真：（010）62707370
网　　址：www.oveaschin.com　E－m a i l：oveaschin@sina.com

如果发现印装质量问题，影响阅读，请与印刷厂联系调换。

内心强大的女人最优雅

内心强大的女人，懂得悦纳自己。她们常常阅读自己的内心，试着了解自己的特质。她们不惧面对自己负面的人格特质，立志于剔除骨子里的心高气傲，摈弃以自我为中心的狭窄视角。内心强大的女人，她们是自己的心灵雕塑师，执一把雕刻刀，随时完善着自己的性格和修养。她们对待生活有着独到的领悟，无论是绚烂还是平淡，都能够找到属于自己的舞台，演绎出独特的人生。内心强大的女人，有着成熟的心智，能够自如地控制自己的情绪，有"泰山崩于前而色不变，麋鹿兴于左而目不瞬"的笃定性格。她们少了浮躁和激进，多的是风雅与娴静。这并不是因为她们的人生一帆风顺，而在于她们对待坎坷时拥有一种淡定自若的心态。

内心强大的女人最优雅

出 版 人 | 刘凤珍   封面设计 | 冬 凡

策 划 人 | 侯海博   文字编辑 | 申燕芝

责任编辑 | 泰 然   美术编辑 | 牛 坤